产城融合背景下的
城市更新理论及实践

——以北京经济技术开发区为例

戚瑞双 著

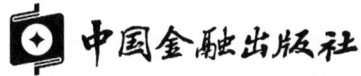

责任编辑：明淑娜
责任校对：卓　越
责任印制：丁淮宾

图书在版编目（CIP）数据

产城融合背景下的城市更新理论及实践：以北京经济技术开发区为例 / 戚瑞双著. -- 北京：中国金融出版社, 2025.7. -- ISBN 978-7-5220-2816-3

Ⅰ. TU984.21

中国国家版本馆 CIP 数据核字第 2025S5G126 号

产城融合背景下的城市更新理论及实践——以北京经济技术开发区为例
CHANCHENG RONGHE BEIJING XIA DE CHENGSHI GENGXIN LILUN JI SHIJIAN——YI BEIJING JINGJI JISHU KAIFAQU WEILI

出版
发行　中国金融出版社
社址　北京市丰台区益泽路 2 号
市场开发部　（010）66024766，63805472，63439533（传真）
网上书店　www.cfph.cn
　　　　　（010）66024766，63372837（传真）
读者服务部　（010）66070833，62568380
邮编　100071
经销　新华书店
印刷　涿州市般润文化传播有限公司
尺寸　169 毫米 × 239 毫米
印张　13.375
字数　176 千
版次　2025 年 7 月第 1 版
印次　2025 年 7 月第 1 次印刷
定价　45.00 元
ISBN 978-7-5220-2816-3
如出现印装错误本社负责调换　联系电话（010）63263947

前　言

当今，城市化进程加速推进，城市的发展面临前所未有的机遇与挑战。城市不仅是经济活动的中心，也是人们生活的重要空间载体。然而，随着城市规模的不断扩大和产业结构的快速升级，传统的城市发展模式逐渐暴露出诸多问题，如土地资源浪费、产业结构不合理、公共服务设施不足、职住分离等。这些问题不仅降低了居民的生活质量，也影响了城市的可持续发展。

在这样的背景下，我国城市更新进入了新的发展阶段，从单纯的物质更新逐渐转向综合更新，强调以人为本、生态优先、文化传承和产业发展等多方面的协调与融合。产城融合正是作为这种转变的一个方向而受到关注，作为一种新型的城市发展模式，成为解决城市问题、推动区域高质量发展的关键路径。

北京经济技术开发区作为全国唯一一个集国家级经济技术开发区、国家高新区等"六区合一"政策优势于一体的重要产业集聚区，经过多年的快速发展，已经成为首都经济增长的重要引擎。然而，随着城市化进程的加速和产业结构的升级，北京经济技术开发区面临一系列新的挑战。如何在有限的土地资源上实现产业升级，如何优化城市空间布局以提升居民生活质量，如何通过城市更新实现产业与城市的协同发展？这些问题亟待深入研究和解决。同时，北京经济技术开发区作为国内产城融合的典范，其发展历程、成功经验及面临的挑战，都为我们深入研究产城融合背景下的城市更新提供了宝贵的案例和素材。

2022年8月至10月，北京科技职业大学（原北京电子科技职业学院）开发区经济发展研究中心组织课题组对经济技术开发区的城市更新情况进行调研并形成了调研报告。本书就是在这样的基础上形成的。在此后的研究过程中，本书系统梳理了产城融合和城市更新的相关理论，分析了国内外典型案例的经验与教训，并系统总结了北京经济技术开发区的城市更新实践。本书以产城融合为理论框架，以北京经济技术开发区的城市更新实践为研究对象，试图通过理论与实践相结合的方式，探索产城融合背景下城市更新的新模式和新路径，为我国其他经济技术开发区和城市提供有益的参考和借鉴。

在课题组调研及撰写本书的过程中，北京京城捷信房地产评估公司总经济师王凯撰写了第四章经开区城市更新案例，并参与了课题组的调研；北京科技职业大学教师李佳仪博士对第二章国内案例以及第四章经开区案例进行了整合、重构和拓展，为本书的顺利完成提供了有力支持；北京科技职业大学副教授马洁博士帮助组织开展了调研；北京科技职业大学教师张静静博士参与了部分初稿撰写，并提供了部分国内外案例；北京交通大学经管学院在读博士刘芳嘉同学帮助对国内外的案例进行了整理、补充和完善；北京亦庄城市更新有限公司总经理秦元高对课题组进行指导，给予了我们大力支持。在此，我们对他们的辛勤付出表示衷心的感谢！此外，我们也参考了很多专家、学者的著述，在此一并感谢！

尽管在研究和写作过程中力求严谨、全面，但由于时间和水平的限制，书中难免存在不足之处，我真诚地希望读者能够提出宝贵的意见和建议。同时，我也期待本书能够为推动我国城市更新和产城融合发展贡献一份力量，为相关领域的研究和实践提供有益的参考。

最后，我想再次阐明，产城融合与城市更新是一个长期的、动态的过程，需要政府、企业、居民等多方面的共同努力。我希望通过本书的研究，能够引起更多人对这一重要议题的关注，共同探索适合我国国情的城市发展新模式。

作者
2025 年 3 月于北京

目　　录

第一章　产城融合背景下经开区城市更新的发展 …………… 1

第一节　产城融合理论概述 ………………………………… 1
一、产城融合的概念 ………………………………………… 1
二、产城融合的演变历程与趋势 …………………………… 4
三、产城融合对城市更新的意义 …………………………… 5

第二节　城市更新的理论概述 ……………………………… 9
一、城市更新的概念界定 …………………………………… 9
二、城市更新的概念演进 …………………………………… 10

第三节　经开区城市更新的发展和政策演进 ……………… 14
一、经开区城市更新的发展历程 …………………………… 14
二、北京经开区城市更新政策演进 ………………………… 20

第四节　经开区城市更新面临的困难和挑战 ……………… 26
一、用地扩展过快，使用低效 ……………………………… 26
二、用地分散、结构不合理 ………………………………… 26
三、转型期开发区的评价体系不完善 ……………………… 27
四、转型期开发区的现实条件复杂 ………………………… 27
五、轨道交通发展不足 ……………………………………… 28

第二章 产城融合背景下城市更新的典型案例 … 29

第一节 国外典型案例 … 29
一、美国产城融合背景下城市更新的典型案例 … 30
二、德国产城融合背景下城市更新的典型案例 … 36
三、日本产城融合背景下城市更新的典型案例 … 41
四、新加坡裕廊工业园产城融合背景下城市更新的典型案例 … 46

第二节 国内典型案例 … 49
一、苏州工业园 … 50
二、北京中关村 … 54
三、江西省景德镇陶阳里 … 57
四、深圳前海自贸区 … 59

第三节 典型案例总结 … 62
一、国外案例总结 … 62
二、国内案例总结 … 63
三、国内外产城融合的异同 … 64
四、结论 … 65

第三章 产城融合背景下经开区城市更新模式 … 66

第一节 北京经开区城市更新的目标设立 … 66
一、总结目标：支撑"两区"建设 … 66
二、具体目标：优化职住比例 … 71
三、具体目标：补足公共服务设施短板 … 74
四、具体目标：提升区域环境品质 … 80

第二节 经开区城市更新的利益相关者 … 83
一、确定型利益相关者 … 83

二、预期型利益相关者 …………………………………… 92
　　三、潜在型利益相关者 …………………………………… 95
　　四、三型利益相关者对城市更新的作用 ………………… 98
第三节　产城融合背景下北京经开区城市更新模式 ………… 99
　　一、收储回购模式 ………………………………………… 100
　　二、升级整租模式 ………………………………………… 102
　　三、"腾笼换鸟"模式 …………………………………… 106

第四章　产城融合背景下北京经开区城市更新实践 …… 111

第一节　园区类城市更新实践 ………………………………… 111
　　一、亦创智能机器人创新园 ……………………………… 111
　　二、ABB 产业公园项目 …………………………………… 115
　　三、京东贝光电产业园项目 ……………………………… 117
　　四、园区类城市更新模式总结 …………………………… 119
第二节　工业厂房拆除重建项目类城市更新实践 …………… 119
　　一、典型城市更新工业项目调研情况 …………………… 120
　　二、"STAR NET 健康智谷"（原安姆科项目）………… 125
　　三、"天空之境·产业广场"（原达涅利项目）………… 128
　　四、火箭大街项目（原雪莲羊绒公司生产基地）……… 131
　　五、工业厂房拆除重建项目类城市更新模式总结 ……… 134
第三节　综合类城市更新实践 ………………………………… 135
　　一、星海产业园城市更新项目 …………………………… 136
　　二、经开区地铁万源街站点周边片区城市更新项目 …… 139
　　三、综合类城市更新模式总结 …………………………… 144
第四节　经开区城市更新实践总结 …………………………… 145

第五章　经开区城市更新满意度评价 …………………………… 147

第一节　经开区城市更新满意度评价指标体系 …………………… 147
一、经开区城市更新满意度评价的理论依据 ………………… 147
二、经开区城市更新满意度评价的指标设置 ………………… 153

第二节　经开区城市更新满意度评价模型构建 …………………… 159
一、经开区城市更新满意度评价模型的选择 ………………… 159
二、经开区城市更新满意度评价模型的设计 ………………… 170

第三节　经开区城市更新满意度评价结果分析 …………………… 188
一、经开区城市更新园区满意度评价结果分析 ……………… 188
二、经开区城市更新社区满意度评价结果分析 ……………… 194

参考文献 ……………………………………………………………… 198

第一章　产城融合背景下经开区城市更新的发展

第一节　产城融合理论概述

一、产城融合的概念

"产城融合"[①]是相对于"产城分离"提出的一种发展思路,在我国经济社会转型的大背景下,它要求产业发展与城市功能融合、空间整合,"以产促城,以城兴产,产城融合"[②]。城市发展应寻求与产业的匹配,两者的发展程度和发展速度应契合,避免二者脱离。

学术界普遍认为,经济技术开发区(以下简称经开区)产城融合的内涵可以界定为建设以生态环境为依托、以现代产业体系为驱动、生产性和生活性服务融合、多元功能复合共生的新型城区。在空间层级上,可以分为三个层次:宏观层面关注城市与经开区的融合,中观层面关注经开区内部生产和生活功能的融合,微观层面则关注人与环境的融合。

---

① 谢飞. 产城融合背景下开发区工业用地更新模式研究 [D]. 苏州:苏州科技大学硕士学位论文, 2016.
② Krueger R., Gibbs D. "Third wave" Sustainability? Smart Growth and Regional Development in the USA [J]. Regional Studies, 2008 (9): 1263 – 1274.

由于经开区发展程度、发展目标存在差异,其产城融合发展要求也相应不同,不应通过笼统的单一发展目标来进行硬性孤立讨论,本书讨论的是经开区发展差异化所面临的产城融合问题,应从经开区实际发展需求入手分阶段分类型剖析。经开区自身城市功能与产业发展的融合过程实质上是经开区自身可持续性发展的体现,具体来讲,本书中"产城融合"指经开区城市功能与其产业职能并行,以产业职能为保障,促使其城市功能自我完善,同时,以城市功能为基础,提升经开区产业经济,二者协调统一,缺一不可,但由于经开区现状存在差异,其产城融合过程在产业职能以及城市功能的协调布局上侧重点可能有所不同。

目前关于产城融合概念,诸多学者从新经济地理学、社会学、公共管理学以及城乡规划学等视角,对产城融合进行学理上的阐释。从产业园区、经开区到城市群研究层次丰富,不同研究层次下的产城融合内涵并不一致,尚未形成统一的研究范式和逻辑框架。总体来说分为三大类:第一类从宏观角度认为产城融合即为"产业"和"城市"的双向融合,产业包括传统工业、服务业等相关产业,以产业为保障推动城市完善服务配套,城市为产业集聚提供承载空间,包括生产、服务、休闲娱乐等功能,实现产业发展与城市建设的良性互动。[①] 第二类是产业园区与城区层面,核心是为了解决产业园区有产无城,城区有城无产导致的产城分离现象,核心是赋予产业园区"城"的概念,加强其与主城区的联系,增加区域交通便利性,完善公共服务设施[②],赋予主城区生产功能,与产业园区有效互动,增加居民就业机会,解决城区后续发展动力不足的问题。[③] 第三类从微观层面认为产城融合是经开区或产业园区范围内产业功能和城市功能的优化

---

① 裴汉杰. 浅议"十二五"期间"产城融合"的新理念 [J]. 中国工会财会, 2011 (7): 13.

② 徐凯颖. 陕西省镇级小城市产城融合发展路径研究 [D]. 西安:西北大学硕士学位论文, 2018.

③ 刘荣增, 王淑华. 城市新区的产城融合 [J]. 城市问题, 2013 (6): 18-22.

互促，将其视为产业园区或经开区转型发展的方式，① 以产业发展为城市功能优化提供经济支撑，以城市功能优化为产业发展创造优越的要素和市场环境，促进产业优化升级、人居环境配套和社会服务保障的高度统一，实现经开区或产业园区的转型升级。②

综上所述，"产城融合"概念从字面上理解，"产"既指产业、产业园区，也指产业功能。"城"既指不同层级和规模的城市区域（包括经开区、市级城市、城市群等），也指城市功能建设等，本书结合已有研究，从产业园区与城市融合发展的角度，认为"产城融合"是产业园区产业发展与城市功能建设的融合，即产业园区为城市提供足够的产业支撑，城市为产业园区提供良好的公共服务，③ 最终达到生产与生活的平衡，实现可持续发展。

产城融合④的出发点是协调产业与城市的融合性发展，是基于"以人为本""可持续发展""科学发展观"理念实现城市基础设施配套与产业发展的有机结合，使产业结构空间布局与城市功能布局高度融合，实现区域经济、社会人文以及人与自然的综合性、融合性、整体性发展。基于以上对产城融合概念的分析可知，它的特征为"一个核心，两个基本面，四个共同"。

"一个核心"指"坚持以人为本，谋求科学发展道路"。通过产业在结构、职能、配套上的不断健全，引导就业人口增加。就业人口增加直接影响城市人口的增长，带来公共服务设施的提升，如高品质的教育科研中

---

① 陈红霞. 开发区产城融合发展的演进逻辑与政策应对——基于京津冀区域的案例分析[J]. 中国行政管理，2017（11）：95 – 99.

② 孔翔，杨帆. "产城融合"发展与开发区的转型升级——基于对江苏昆山的实地调研[J]. 经济问题探索，2013（5）：124 – 128.

③ 唐晓宏. 上海产业园区空间布局与新城融合发展研究[D]. 上海：华东师范大学博士学位论文，2014.

④ 郭子健. 产城融合理念下的大连钻石湾城市规划策略研究[D]. 哈尔滨：哈尔滨工业大学硕士学位论文，2019.

心、先进的医疗卫生机构、美好的开敞空间环境等，从而提高城市内部的稳定性，整体提升城市的物质水平与人文环境。

"两个基本面"指"产业发展面和城市发展面"。产业发展面与城市发展面是相互交织、相互融合、相互促进的。城市的不断扩张是因为产业在经济上的不断发展、结构的不断完善、空间上的不断扩张。城市在配套产业的情况下，不断提升自身价值，从而为产业的转型奠定基础，实现产、城、人的互补促进。如果这两个基本面在发展中不能很好地融合，就会产生"产城分离"的尴尬局面，导致城市的衰败、产业的滞后。

"四个共同"指"共生、共荣、共和、共享"，这是产城融合的最终发展目标。"共生"指城市格局与产业格局的合理结合。"共荣"指产业发展与城市建设的互补促进。"共和"指产业与城市的和谐发展。"共享"指产业与城市的统一发展目标。若能成功实现"四个共同"，即达到了产、城、人之间的最高境界。

二、产城融合的演变历程与趋势

2010 年我国第六次人口普查结果显示，我国城镇化率已经接近 50%。因此，多位学者认为我国的城镇化迎来了发展拐点，未来的城镇化发展模式必然区别于传统的城镇化。在此背景下，新型城镇化被提出并逐渐被认可，产城融合正是在这一时代背景下产生的。2011 年后陆续有学者提出产城融合的概念和内涵，研究大多与新型城镇化的研究和政策相关。[①] 2014 年，中共中央、国务院发布《国家新型城镇化规划（2014—2020 年）》，其中指出，"产城融合不紧密，产业集聚与人口集聚不同步，城镇化滞后于工业化。城镇内部出现新的二元矛盾"，由此，产城融合正式上升为国家战略。2015 年《国家发展改革委办公厅关于开展产城融合示范区建设有

---

① 赵虎，张悦，尚铭宇，麻承琛. 体现产城融合导向的高新区空间规划对策体系研究——以枣庄高新区东区为例 [J]. 城市发展研究，2022，29（6）：15-21.

关工作的通知》发布，提出开展产城融合示范区等建设，推进落实产城融合战略，并且明确新城和经开区作为推进试点的主要空间载体。

产城融合①来自西方新城市主义理论，该理论强调生产与生活协调统一。我国对产城融合问题的探讨源于改革开放以来，随着大量外资的涌入，国内产业园区、经开区等成为各级政府发展工业经济的抓手，过度追求产业发展而忽略城市服务功能配套，造成产业转型升级困难，潮汐式通勤、环境污染、人口流失等诸多城市问题层出不穷，产城融合问题成为学界、业界以及政界关注的热点之一。"产城融合"一词在国内最早由张道刚（2011）明确提出，他认为产业园区无节制扩张而忽略城市公共服务配套，导致产业发展难以持续，缺乏人气，产业没有城市的依托，只能"空转"，城市没有产业支撑，也只能是"空城"，因此要进行城市形态建设并引入与城市功能定位相匹配的产业，促进产城融合发展，以解决产城脱节问题。②

三、产城融合对城市更新的意义

产城融合作为一种先进的城市发展理念，对城市更新具有深远且积极的意义。它不仅是一种空间布局的优化，而且是一种发展模式的转变，对城市更新的推动和引领具有重要价值。

1. 促进城市功能的多元化

产城融合的发展模式在促进城市功能多元化方面发挥着至关重要的作用。产城融合带来的城市转型和产业升级使产业园区的功能不断从单一的工业发展向综合化方向发展。传统上，城市的功能分区往往比较明确，如工业区、商业区、居住区等，这种分区方式在一定程度上限制了城市的活

---

① 王敏．文化产业园区产城融合测度及提升对策研究［D］．西安：西安建筑科技大学硕士学位论文，2020．

② 张道刚．"产城融合"的新理念［J］．决策，2011（1）：1．

力和灵活性。然而，产城融合打破了这种传统模式，产业园区逐渐融入了更多的城市功能，如商业、文化、教育等。产业空间与城市发展的紧密结合进一步推动了产业与城市的融合发展，实现了城市功能的多元化。

首先，产城融合促进了产业功能的多元化。随着科技的不断进步和产业的转型升级，新兴产业和高技术产业不断涌现，这些产业往往需要更加灵活和多样的空间布局。产城融合通过优化产业空间布局，为新兴产业提供了更加适宜的发展环境，同时也推动了传统产业的转型升级，实现了产业功能的多元化。

其次，产城融合促进了城市服务功能的多元化。随着城市人口的不断增加和居民生活水平的提高，居民对城市服务的需求也日益多样化。产城融合通过引入更多的城市服务功能，如教育、医疗、文化、娱乐等，满足了居民多样化的需求，提升了城市的整体品质。

最后，产城融合还促进了城市空间功能的多元化。在产城融合的背景下，城市空间不再仅被划分为单一的工业区、商业区或居住区，而是更加注重空间的复合利用和功能的叠加。例如，一些产业园区在保留原有产业功能的基础上，引入了商业、文化等功能，形成了集产业、商业、文化等多功能于一体的综合区域。这种空间功能的多元化不仅提升了城市的活力，还促进了城市空间的高效利用。

综上所述，产城融合通过促进产业功能、城市服务功能和城市空间功能的多元化，实现了城市功能的全面提升。这种多元化不仅满足了居民多样化的需求，还提升了城市的整体竞争力和可持续发展能力。

2. 推动产业结构优化升级与可持续发展

城市更新往往伴随着产业结构的调整和优化。在产城融合的背景下，城市更新更加注重引入新兴产业和高端服务业，推动传统产业向高端化、智能化、绿色化方向发展。产业结构优化升级不仅有助于提升城市经济的长期产业竞争力和生态环境的健康稳定，而且关乎未来城市经济的增长速度和高质量发展。在全球化竞争日益激烈的背景下，产城融合作为一种创新的发展模式，对于推动产业结构优化升级与可持续发展具有深远的意义。

首先，产城融合有助于产业集聚与提升产业竞争力。政府通过科学规划产业布局，引导产业链上下游企业向特定区域集聚，形成产业集群效应。这种集聚不仅降低了企业的生产成本和交易成本，还促进了技术创新和产业升级，通过技术创新和模式创新，推动传统产业向高端化、智能化、绿色化方向转型，增强产业的核心竞争力。同时，城市功能的完善也吸引了更多的优质企业和人才入驻，有助于积极培育和发展新兴产业，如新能源、新材料、生物科技、智能制造等，这些产业具有高技术含量、高附加值、低污染的特点，进一步增强了产业的竞争力和创新能力，不仅促进了城市经济的持续增长，还为城市的可持续发展提供了源源不断的动力。

其次，产城融合有助于实现产业间的协同发展。构建现代产业体系，需要促进产业间的深度融合和协同发展，形成优势互补、资源共享、互利共赢的产业发展格局。这包括推动制造业与服务业的融合发展，促进产业链上下游企业的紧密合作，以及加强区域间的产业联动和协同发展，共同打造具有国际竞争力的产业集群。

综上所述，产城融合作为一种创新的发展模式，为产业结构的优化升级与可持续发展提供了有力的支撑。未来，随着产城融合的深入推进和不断完善，产城融合将为我国经济的持续健康发展注入新的活力和动力。

3. 优化城市空间布局，提升城市治理水平

产城融合通过科学的规划和设计，实现了土地资源的高效利用，对于优化城市空间布局以及提升城市治理水平具有显著的作用。传统的城市发展模式往往存在产业与城市功能分离、土地资源浪费等问题。产城融合强调以产业发展为导向，合理规划城市空间布局，促进产业区、居住区、商

业区等功能区的协调发展。通过深度整合产业与城市资源，以及合理的产业布局和城市设计，促进城市内部各功能区的合理划分与协同发展，使城市空间布局更加科学、合理，实现产业空间和城市总体格局的有效衔接。这不仅推动了产业、资源与人口的集聚，还提高了土地利用效率，引导资源向高效益领域流动，从而优化城市经济结构，提升城市发展的整体质量和效益，为城市的可持续发展提供有力支撑。

产城融合也促进了城市基础设施和公共服务设施的完善与升级，通过引入先进的城市治理理念以及信息技术手段和管理理念，城市治理更加精细化、智能化、现代化。如通过智慧城市、大数据管理等技术手段，城市可以实现对交通、环境、公共安全等领域的实时监测和智能管理，提高城市运行效率和居民生活质量，提升城市治理的效率和水平。同时，产城融合还促进了城市治理结构的优化，推动政府、企业等的协同合作，形成了多元共治、共建共享的城市治理格局。

4. 增强城市文化软实力

城市不仅是经济发展的核心载体，而且是文化传承与创新的重要平台。产城融合通过深度整合产业、城市空间、社会功能与文化资源，将文化产业与城市建设相结合，为城市文化软实力的提升注入新的活力与内涵，打造具有独特魅力的城市文化品牌。这有助于提升城市的知名度和美誉度，增强城市的文化软实力。

首先，产城融合促进了文化与城市经济的深度融合。在产城融合的背景下，文化不再孤立于城市经济体系之外，成为推动城市转型升级的重要力量。通过引入金融资本、创新技术和先进管理经验，文化产业得以快速发展，不仅丰富了城市的文化内涵，还带动了相关产业链的形成与壮大，成为城市经济新的增长点。同时，文化产业的发展也促进了城市就业结构的优化，提升了城市居民的生活品质和文化素养。

其次，产城融合推动了城市文化的创新与传承。在产城融合的过程中，城市文化不再局限于传统的保护与传承，而是更加注重文化与现代生活的融合与创新。通过引入创意设计、数字技术等新兴元素，城市文化得以焕发新的生机与活力，形成具有时代特色的品牌。同时，产城融合也促进了城市文化遗产的保护与利用，让城市的历史记忆得以延续，为城市文化的传承与发展提供坚实的基础。

最后，产城融合提升了城市文化的传播力与影响力。在全球化的大背景下，城市文化的传播力与影响力是衡量城市文化软实力的重要指标。产城融合通过构建开放、包容、多元的城市文化生态，吸引国内外文化资源的汇聚与交流，提升城市文化的国际影响力。同时，产城融合促进了城市文化活动的丰富与多样化，为市民提供更多参与文化生活的机会与平台，增强市民的文化认同感和归属感。

综上所述，产城融合作为增强城市文化软实力的新引擎，通过促进文化与城市经济的深度融合、推动城市文化的传承与创新以及提升城市文化的传播力与影响力，为城市文化的繁荣发展注入了新的动力与活力。未来，随着产城融合的深入推进与不断完善，相信城市文化软实力将得到进一步提升，为城市的可持续发展注入更加深厚的文化底蕴与内涵。

第二节 城市更新的理论概述

一、城市更新的概念界定[①]

城市更新于1958年在荷兰的城市更新研讨会上被提出，是西方国家城市中的人对所居住房屋的改造和周边商业、娱乐活动的改善，以满足城市

---

① 唐琪. 城市更新政策演化及实施效果评价研究 [D]. 哈尔滨：哈尔滨工业大学硕士学位论文，2020.

居民对舒适、美丽生活的期望，可以被定义为广义的城市建设活动。

在中国当前的城市建设法律法规中，2009年深圳市才第一次用"城市更新"取代"城市改造"，出台了《深圳市城市更新办法》以规范当地的城市更新活动。这里的城市更新是为了缓解增量土地稀缺，盘活存量土地，与之前针对旧建筑物实体的物质改造有所不同，它不仅是物理空间的改造，还需要经济、文化、社区、产业等许多方面融合，是对各种生态环境、文化环境、产业结构、功能业态、社会心理等软环境的延续与更新，是一种狭义的城市更新。鉴于本书研究的是城市更新的政策，本书倾向于从广义层面进行定义，城市更新可以归纳为：根据城市规划，对城市的低效存量用地和危旧房屋实施的空间形态优化与功能优化活动，既包括物质层面的更新，也包括功能层面的更新。

二、城市更新的概念演进[①]

从20世纪60年代为解决战争导致的社会贫困的城市更新，到70年代振兴城市经济、增强全球竞争力的城市再生，再到90年代末重视社区、公民参与、文化保护的城市复兴，反映了西方发展的哲学思想和价值观的转变，是资本主义的空间再生产过程。

我国的城市更新过程也经历了拆除重建、保护性更新等模式。随着近年来人民需求的提升，城市更新的内涵不断丰富。一是城市规划理念的转变。从吴良镛教授提出的"有机更新"到2015年中央城市工作会议上提出的针对城市更新单元的微改造，再到如今提倡的规划整体片区改造，逐渐修复城市肌理，反对推土机式的重建反映了城市规划理念随着时代的变迁而改变。二是侧重社会和文化层面的需求，包括重视社区居民、重视文化、重视公众参与的更新改造模式。

[①] 唐琪. 城市更新政策演化及实施效果评价研究 [D]. 哈尔滨：哈尔滨工业大学硕士学位论文，2020.

1. 城市重建（Urban Renewal）

城市重建于1954年美国颁布的《住宅法》中第一次出现。从那时起，不同地区的城市更新出现了类似"修复旧城区"的表述，它主要指注重物质形态的重建改造。城市重建更多指西方20世纪60年代到70年代对旧城衰败地区物质层面的更新过程，如内城贫民窟的物质性、推倒性城市更新。当时，大量的城市移民导致社会结构变化，带来了社会贫困和社会矛盾，因而这种城市更新以对物质环境的更新为主，忽视了社会、文化、历史的重要性。

城市重建的相关政策主要是国家主导，同时依赖私营部门的更新行动，力求对内城衰败区的物质形态进行完善，以提高民众生活福利，达到缓解社会矛盾的目的。这时的城市更新包括三个层面。（1）大拆大建。通过对老旧建筑的拆除并替换以新建筑，使城市的面貌焕然一新，但千篇一律的高楼大厦不仅破坏了当地原有的城市风貌，也让人们感到单调乏味。（2）贫民窟清理。对贫民窟进行清理，取而代之的住房是低收入群体所负担不起的，因此他们只能在城市边缘寻找新的居住地。实际上贫民窟并没有消失，只是以新的贫民窟形式存在。（3）福利性住房。受到福利主义价值观的影响，对城市的住房区域进行升级，包括修复和改造典型旧住宅，并新建福利住房和社会租赁住房。

中国的城市更新主要是新中国成立后的内城重建。它以保留历史城市建设为基础，重新规划，以恢复、维持、改善市内市政工程为主，力求满足百姓基本的生活需要。措施包括拆毁贫苦人民在战争期间，在无主荒地上搭建的"滚地龙"和窝棚；建设满足工人阶级居住需求的工人新村，对工人实行"以工代赈"。这既解决了工人的就业问题，又为新村建设补充了劳动力。在保护城市环境，为居民生活带来方便的同时，最大限度地保留历史建筑，对整体方案综合考虑，取得了良好的效果。

2. 城市再发展（Urban Redevelopment）

20世纪70年代注重振兴经济的城市再发展被提出，那时社会经济衰退严重，全球经济竞争加强，在放任市场发展的新自由主义思想指导下，为增强城市影响力，政府采取向旧城中引入社会资本，用公私合作的方式主导内城衰败区和中心城区的物质及商业开发式的重建。在功利主义的价值观的影响下，政府侧重于物质的改善和经济的发展，政策的目的主要是创造就业岗位，实现城市经济复苏，但是这种再生方式忽视了当地群众的诉求，同时引入的大量资本导致社会阶层分化严重，社会排斥问题日益加剧。

20世纪70年代中国围绕工业建设城市，为适应工业发展，不断地在市区边缘辟建工业区，大力发展卫星城；为缓解住房压力，鼓励国家机关团体、企事业单位自建职工住房。为了进一步满足人们的物质需要，各单位跟随城市统一规划，不仅可以监督残旧建筑物的修缮，而且可以有组织地逐步进行与城市匹配的生产及生活设施建设，包括市政基础设施在内的房屋和公共配套服务。在经济的带动下，新城的出现和工业区的外迁使郊区范围进一步扩大。由中心向外围扩散，以危旧房拆迁改造为主的城市更新忽视了当地的历史文化，如北京、上海等地的拆迁改造。这一阶段问题的恶化主要源于投资不足及债务过多。国家的财政收入没有办法负担迅速增长的产业规模和过多的人口，导致住房紧缺，市政设施不足；此外，大量被占用的房屋和土地打乱了市区原有的格局。这些都给百姓生活带来了不利影响。

3. 城市振兴（Urban Revitalization）

作为一个过渡阶段，振兴城市是旨在重组现有城市结构的一系列举措，特别是在由经济或社会因素引起衰退的社区中。城市振兴计划通常包括改善城市环境，例如提升人行道的质量和功能；根据振兴社区的预期用途，这些项目还可以满足改善社区参与和对公共空间的占用的需求，如提供公园和博物馆等新的娱乐设施。一些城市振兴计划旨在通过调整公用事业网络以满足特定要求，为城市的部分地区做好准备，以实现所需的经济功能。

4. 城市复兴（Urban Renaissance）

20世纪90年代注重社区建设的城市复兴被提出。由于前一阶段城市更新产生的社会排斥问题，政府提出"可持续发展"的理念，目的是构建平等的公民社会，实现可持续发展的多方合作，尤其是发挥社会作用，涉及城市和区域层面的更新。城市复兴一词也沿用至今，逐渐涉及文化创新、城市历史风貌重塑及功能空间重构，这种老城复兴模式注重社区力量的参与及当地居民的情感，是对"社会排斥"现象的改善，是一种循序渐进的、尊重居民意见的、物质基础与社会文化并重的更新模式。

5. 城市更新（Urban Regeneration）

在当前的背景下，城市更新是一个热门话题，已成为城市重建重要且相关的战略。这里的城市更新是改变一个地方的经济、社会和地理的过程。它要求政府、社区和私营部门采取协调一致的方法。它的特点是进行大量的非物质干预和经营活动，以最大限度提高社会、文化、环境和经济成果。它需要新的政策和计划框架以及赋予公民权利。

上述后三个阶段的城市更新概念基本上与我国的产业升级和政策文件中采用的"城市更新"含义一致。依据城市总体规划开展旧城更新与重建工作，基于城市功能重新定位，调整产业布局，将中心城区工业向郊区扩散，完成都市型园区和楼宇的改建，改建商业中心。迈入21世纪以后，我国城市建设逐渐转向第三产业，更多城市功能被开发。这一时期，旧城更新范围从大规模区域更新、棚改转变为社区层面的片区、地段及邻里空间更新。例如，上海田子坊在21世纪初的改造过程中，摒弃了传统大拆大建模式，通过对老旧里弄建筑的局部修缮与功能置换，将原本以居住功能为主的社区，逐步转型为集创意产业、文化艺术、休闲旅游于一体的特色街区。在更新过程中，充分保留城市肌理与历史风貌，同时融入现代商业元素，既满足了城市功能更新需求，又延续了城市文脉，体现了社区层面更新注重社会、文化、经济协同发展的特点。与此同时，我国还不断增强城市综合服务功能，调整产业结构，突出第三产业建设。

第三节　经开区城市更新的发展和政策演进

一、经开区城市更新的发展历程

1. 开发区发展的一般历程

开发区的发展经历了不同的阶段，国内的学者也对此进行了相应的研究。皮黔生和王恺（2003）将国内沿海经济技术开发区的发展分为三个阶段，每个阶段都有不同的历史背景；周元和王维才（2003）根据迈克·波特在研究国家竞争力时提出的四个发展阶段，相应地将开发区的生命周期分为要素驱动、产业主导、创新突破和财富凝聚四个阶段，郑国（2008）和洪燕（2006）均针对开发区的发展阶段做了相关的论述。通过对已有研究的回顾可以发现，学术界对于开发区的发展阶段的划分基本一致。学者均认为开发区在经历了快速发展之后存在"转换和突破点"，而这个点便是学术界普遍认为的开发区的转型发展阶段的开始。一般来说，开发区的发展经历以下阶段。

（1）起步发展阶段：1984年初，我国第一批经济技术开发区在14个沿海港口城市正式设立，标志着我国开发区实践的开始。在对外开放和国际产业转移背景下，我国开始设立并推广高新区、保税区等。本阶段开发区引进的外资企业以劳动资本密集型企业为主。其产业结构相对较为单一，"重生产"的宗旨使开发区在发展之初将工作重点放在招商引资和发展工业方面，而其他产业的发展非常滞后。因此在初步探索阶段，产业层次较低，在产业结构上第二产业占据主导地位，其他产业发展落后。开发区主要致力于基础设施建设，如道路、供水、供电、通信等，其产业发展特征是"重生产并且先生产"，为后续的产业发展提供基础条件。同时，国家出台了一系列优惠政策，如税收减免、土地使用优惠等，主要引进劳动密集型、资本密集型的外资企业，以加工贸易为主，逐步形成了初步的产业链条。这些外资企业的入驻不仅带来了资金和技术，还促进了当地就业和经济增长，为开发区的后续发展奠定了坚实基础。

（2）快速发展阶段：20世纪90年代，改革开放进一步深入以及市场经济体制确立。1992年"南方谈话"后，国家放宽了开发区的设立条件，各地纷纷设立新的开发区，各地开发区数量快速增长，掀起了开发区建设的热潮。

在此阶段，一方面，开发区不仅数量上大幅增加，而且规模也不断扩大，形成了一定的产业规模。各开发区主导产业慢慢凸显，优势产业发挥了较大的带动作用，形成具有一定规模的产业集中。另一方面，开发区之间的竞争日益激烈，从单一的经济功能逐步向综合功能转变，在区域经济发展中发挥了带动作用，为当地的经济作出了巨大的贡献。各地开发区根据自身特点和优势，形成了各具特色的产业集群和产业链条，并通过区域合作和产业链协同推动区域经济的快速发展。省会城市和部分先发地区的开发区利用自身优势，推动产业迈向集聚。

这一阶段全国各类开发区数量达到6866个，规划面积超过了当时全国城镇建设用地面积，空间得到了快速的拓展，基础设施建设取得了成效，这是开发区的迅速成长阶段。但是在此阶段后期，开发区产业发展慢慢暴露出了一些问题。如尚未形成真正的高新技术产业集群，这是造成企业资源配置效率不高和竞争力不强的重要原因之一。此外，环境污染、产业结构不合理等问题为开发区的后续发展带来了挑战。

（3）规范发展阶段：针对开发区数量过多、布局不合理、资源浪费等问题，国家开始对开发区进行清理整顿，取消了一批不符合条件的开发区，优化了开发区的布局和结构。2003年《国务院办公厅关于暂停审批各类开发区的紧急通知》等文件出台，我国开发区进入全面清理整顿时期，国家提出了"促进园区向多功能综合性产业区转变"的发展方针,开发区不断规范与整改,截至 2007 年开发区数量调整到 1568 个。这一时期的开发区开始注重转型升级,推动产业结构向高端化、智能化、绿色化方向发展。

在规范发展阶段,开发区开始加强科技创新和人才培养,建设了一批高新技术产业园区和科技企业孵化器。这些园区和孵化器为高新技术产业的发展提供了良好的环境和条件,推动了开发区产业结构的优化升级。

同时,开发区开始注重绿色发展,加强环境保护和生态建设,推动循环经济和低碳经济的发展。这些举措不仅提高了开发区的可持续发展能力,而且为当地居民提供了更加宜居的生活环境。

(4)动能转换阶段:进入 21 世纪,随着新一轮科技革命和产业变革的加速推进,开发区开始注重创新驱动发展,加强科技创新和成果转化,推动产业向价值链高端攀升。2014 年《国务院办公厅关于促进国家级经济技术开发区转型升级创新发展的若干意见》,进一步明确新形势下开发区的发展定位,即"带动地区经济发展和实施区域发展战略的重要载体""构建开放型经济新体制和培育吸引外资新优势的排头兵""科技创新驱动和绿色集约发展的示范区"。

在这一时期,开发区更加注重科技创新企业在产业中的地位和创新生态。开发区加强科技创新与成果转化,推动产业向价值链高端攀升,促进高新技术企业迅速发展,逐步实现产业结构的优化升级。开发区通过建设一批创新平台与载体,如产业技术创新中心、科技企业加速器等,为创新创业提供更加便捷与高效的服务。

同时,开发区开始注重国际合作与交流,积极参与全球产业链与价值链的分工与合作。引进国际先进技术与管理经验,推动开发区经济的高质量发展。此外,开发区还开始注重创业创新与孵化育成体系建设,推动创新创业与产业发展的深度融合。这些举措不仅提高了开发区的国际竞争力与可持续发展能力，也为当地经济的持续健康发展注入了新的活力。

生活服务功能方面，居住功能建设、环境优化、公建配套等一些较高档次的服务设施的建设进入高潮时期，多样化、大型化公建设施在新城中心大量积聚，新城的自立自足性明显加强，成为富有活力的人们向往的就业与生活聚集地。

通过上文对开发区的发展阶段划分以及各个阶段功能构成和空间组织的梳理，可以看出，开发区的功能构成要素的内涵不断丰富。生产功能随着产业的不断升级改造而逐渐转型升级，科技含量更加充分，慢慢脱离了传统开发区以劳动密集型和资金密集型为主的产业结构；服务功能体系逐渐完善，由传统的主要为生产配套服务慢慢转变为生产与生活服务功能并存的局面。

2. 北京经开区的发展历程

北京经济技术开发区（Beijing Economic – Technological Development Area，BDA，简称北京经开区），又被称为"亦庄开发区"，坐落于北京市东南部，是北京市唯一同时享受国家级经济技术开发区（以下简称经开区）和国家高新技术产业园区双重政策优惠的国家级经开区。它于1991年筹建，1992年开始基础设施建设和招商工作，1994年被国务院批准为北京市唯一的国家级经开区。1999年经国务院批准，该开发区范围内7平方公里被确定为中关村科技园区亦庄科技园。2003年，北京市正式批准北亦庄开发区扩区24平方公里，由一期的15平方公里增加到约40平方公里，成为重要的以高新技术企业为主的新型园区。2007年1月，北京市人民政府批复《亦庄新城规划（2005年—2020年）》，明确指出以亦庄开发区为核心功能区的亦庄新城是北京东部发展带的重要节点和重点发展的新城之一。经过将近30年的发展，开发区已成为北京市重要的增长极和高新技术发展的重要载体。开发区的发展道路经历了起步发展阶段、快速发展阶段和转型发展阶段。

(1) 起步发展阶段——工业区。

20世纪80年代末90年代初，随着我国改革开放政策的深入推进，国家开始大力推动高新技术产业发展。在此背景下，北京市政府决定在东南郊的亦庄地区设立经开区，旨在打造一个集科研、生产、生活于一体的现代化工业园区，以促进经济增长、优化产业结构、提升国际竞争力。

1991年，开发区正式破土动工，基础设施建设全面启动，开发区不断完善交通网络、水电、通信等基础设施，为后续的招商引资和产业发展奠定了坚实基础。随后的几年里，开发区以工业园区的发展思路大力招商引资，建立初始的产业体系。同时，开发区积极吸引外资企业和国内大型制造企业入驻，形成了初步的产业集群。首都规划建设办公室批复《亦庄工业区总体规划》，指导工业园区的规划。与国内其他开发区相比有所不同的是，开发区距离市区较近，在规划之初设定了"产业+住宅"的"卫星城"模式的规划目标，预留了大量的居住用地，为以后的居住配套建设奠定了基础。不过从开发区设立之初到1996年，房地产业发展缓慢，大量的开发用地闲置。这一方面是社会经济发展阶段决定的，另一方面是因为开发区建设初期产业规模较小，各项配套尚不完善，开发区依然是重生产、轻生活的建设状态。2000年开发区内工业用地的开发建设量已经完成规划的50%，而居住用地仅完成规划的22%左右，居住的建设明显滞后于产业的发展，体现出阶段性的发展不平衡（姜文婷，2014）。

在起步发展阶段，开发区成功跻身国家级经开区行列，享受诸多优惠政策和便利条件。通过招商引资和产业发展，开发区初步形成了以中高端制造业为核心的产业集群，为后续的快速发展奠定了坚实基础。此外，开发区的设立还促进了当地就业和经济增长，为北京市的经济发展注入了新的活力。

(2) 快速发展阶段。

经过近10年的发展，开发区完成了初始阶段的积累。北京市人民政府批复《亦庄卫星城总体规划（2001—2020年）》，旨在推动开发区由功能较为单一的产业开发区向多元功能建设完善的综合性新城转型、解决开发区在发展中遇到的问题并适应今后的发展需求。开发区在2003年通过扩区24平方公里进入快速发展阶段，在2005年完成区内生产总值1160亿元，占全市工业生产总值的15%，每平方公里土地产值超过100亿元，劳动生产率达到100万元人民币（马麟，2007），在54个国家级经开区中名列前茅。在这一阶段，无论是空间发展还是产业发展，开发区均展现了较高的发展速度。这一阶段在产业发展方面的投资和建设比重都远远超出住宅的开发和公共服务功能的完善所占的比重，说明产业发展仍然是这一阶段的建设重点。作为追求城市综合功能完善的卫星城，亦庄在这一阶段的城市发展仍存在明显的"先职后住"或者称为"先产后城"的建设时序特点（姜文婷，2014）。

（3）转型发展阶段。

2004年的《北京城市总体规划（2004年—2020年）》和2007年《亦庄新城规划（2005年—2020年）》明确了亦庄新城是北京东部发展带的重要节点和重点发展的新城之一，是辐射带动京津城镇走廊产业发展的高新技术产业中心，提出努力提高自主创新能力，提升现代制造业的层次和国际竞争力，打造高新技术产业中心；积极发展生产性服务业，构建以区域产业集群为依托的高端产业服务基地，有力推动开发区的综合化发展，建设具有国际水平的适宜创业发展和适宜生活居住的现代化新城。可以看出，2005年确立的"产城融合"的发展思路主导了之后十几年的发展，并进一步实现科技创新。

1991年以来，随着亦庄地区的不断发展，开发区依次经历了《亦庄工业区总体规划方案》《亦庄卫星城总体规划（2001—2020年）》和《亦庄新城规划（2005年—2020年）》，发展定位从最初的工业区逐步调整为现在的综合性新城。总体而言，从开发区设立到现在建设发展亦庄新城的过程中，在用地规划上做到了生产与生活功能的混合，并且逐步提高了居住用地的比重。而在实施方面，多位学者从职住平衡的研究视角对此进行探讨（杜宝东，2014），可以看出，目前开发区城市综合服务功能的建设仍然滞后，虽然居住功能大幅提升了用地比例，但居住和就业的错位配置等问题存在，是亦庄新城走向综合性新城的过程中亟待解决的问题。

近年来，亦庄开发区逐渐转变单纯的经济发展职能，朝着居住平衡方向努力，在发展经济的同时，不断补充生活配套设施，如公园、图书馆、学校、医院、娱乐场所等，虽然目前生活配套设施仍未补齐，但因财政基础殷实，短板正在被快速补齐中，人们居住体验感也在快速改善中，市政道路、路灯几乎每天都被修建或翻新，市容市貌每年都有新变化，亦庄的口碑近年持续上升。

二、北京经开区城市更新政策演进

1. 北京经开区基本情况

北京经开区自1992年正式开工建设，1994年8月25日，经国务院批准成为国家级经开区。2019年，北京市委、市政府决定由北京经开区作为核心区，将通州区光机电一体化基地、大兴区金桥科技产业基地等纳入经开区管理范围，统一规划和开发建设225平方公里的亦庄新城。发展至今，北京经开区已成为全国唯一一个集国家级经开区、国家高新区、中关村自主创新示范区、服务业扩大开放综合示范区、自贸试验区，以及综保区（"六区合一"）政策优势于一体的经济功能区（见图1-1）。

北京经开区位于北京市东南部，地处南五环外，是国家级经开区。其整体规划区域包括核心区、大兴的部分区域和通州的部分区域，其中核心区域60平方公里，亦庄新城总面积达225平方公里。

经开区建设30年来，经济发展既有量的合理增长，又有质的稳步提升。区域综合实力加速增长，30年间地区生产总值年均增长超过30%，工

图 1-1 亦庄新城主要功能区布局规划

(资料来源:《亦庄新城规划(国土空间规划)(2017年—2035年)》,北京经济技术开发区管委会官网,https://kfqgw.beijing.gov.cn/zwgkkfq/zfxxgk/fdzdgknr/ghxx/ghxx/202011/t20201123_2569721.html)

业总产值年均增长35%，产业结构高精尖成色更足，贡献率超过94%。2024年上半年，亦庄新城实现地区生产总值1343.8亿元，同比增长6.2%，高于全市平均水平。这一数据表明北京经开区经济持续稳定增长，具有强劲的发展动力，成为全市制造业"压舱石"。

党的十八大以来，北京经开区工业总产值年均增长率为9.4%，产值增速领跑全市，规模以上工业企业收入复合年增长率为9.3%，规模以上工业企业利润总额复合年增长率为22.5%。2023年，工业产值达到5371.2亿元，全市总量排名第一；2023年规模以上工业企业利润总额为1692.3亿元。

党的十八大以来，北京经开区新一代信息技术、生物技术和大健康、高端汽车和新能源汽车、机器人和智能制造这四大主导产业产值占工业总产值的比重一直保持在88%以上。2023年，新一代信息技术产业占北京市相关产业比重超过50%，生物技术和大健康产业占北京市相关产业比重达50%，高端汽车和新能源汽车产业占北京市相关产业比重将近50%，机器人和智能制造产业占北京市相关产业比重将近25%，形成了高端汽车、产业互联网、生物医药、新一代信息技术四个千亿级产业集群，以北京市0.35%的土地面积贡献了北京市30%的工业总产值。

北京经开区官网的统计数据显示，截至2023年，经开区共有国家高新技术企业2.8万家，中关村高新技术企业1.7万余家，科技型中小企业累计达到7180家。2023年，北京经开区拥有的国家级专精特新"小巨人"企业数量在200多个国家级经开区中位居第一。

截至2023年底，经开区企业拥有有效发明专利数量19100件，万人有效发明专利拥有量850件，为全市平均水平的3.6倍，持续领跑全国经开区。

2. 北京经开区城市更新基本情况

在由"区"向"城"转型的过程中，宜业宜居成为北京经开区面临的关键考题。多年以来，随着产业不断集聚，经开区产城融合诉求越来越明显。为盘活闲置资产，助力经开区向综合产业新城转型，党的十八大以来，作为高精尖产业功能区，经开区多措并举推动城市更新，持续盘活低效用地，为引进、留住优质企业，助推区域经济高质量发展腾出了更大空间；经开区坚持以人为本、产城融合的原则，大力推动产城有机融合、互为促进，提升人文环境、生态环境和居住环境质量，当好"没有城市病"的标杆，加快打造世界一流产城融合的综合新城、宜业宜居的绿色城区。

2007年，一个建筑面积约为8万平方米名为"北京经开汇展中心"的工业用房是当时北京经开区面积最大的一处工业用房，已闲置了6年之久。在北京经开区管理委员会（以下简称管委会）的大力支持下，此项目产权单位及承租单位根据发展经开区文化、影视娱乐、餐饮商超等服务业的目标将此项目改造为亦庄创意生活广场。亦庄创意生活广场作为经开区内唯一吸纳外资大型商超的服务业项目，在完善公共设施的同时，实现了协调、可持续的有机更新，提升了城市机能，对于服务高层次人才、吸引高质量外资、打造产业生态环境发挥了一定作用。

2013年7月，《北京经济技术开发区关于进一步加强工业用地管理，提高土地节约集约利用水平的实施意见》出台，在全国范围内率先打破工业用地出让年限为50年的惯例，将用地年限调整为"一般不高于20年"。2019年年底，结合城市更新规划，经开区升级产业用地政策，通过《亦庄新城工业用地先租后让实施方案（试行）》，先后推行土地先租后让、达产出让、试点代建标准厂房等，制订存量工业用地城市更新产业升级工作试点方案，不断促进产业空间配置与发展需求相适应，要素市场化配置能力显著增强，飞速发展的北京经开区进入城市更新、盘活土地存量的新阶段。

为深入贯彻《国务院关于推进国家级经济技术开发区创新提升打造改革开放新高地的意见》精神，认真落实《北京城市总体规划（2016年—2035年）》，2019年12月北京市人民政府发布《关于加快推进北京经济技术开发区和亦庄新城高质量发展的实施意见》，明确提出北京经开区要试点土地创新政策，积极盘活存量资源，科学谋划城市空间布局，精心做好城市设计，做到产城融合、疏密有致、宜业宜居。

在全市城乡建设"双控"要求下，作为高精尖产业功能区，北京经开区于2020年率先启动了产业用地城市更新，2020年和2021年先后印发《北京经济技术开发区关于城市更新产业升级的若干措施（试行）》（现已失效）《亦庄新城产业用地规划建设指标使用管理办法（试行）》等文件，成立"城市更新产业升级"工作专班，积极引导企业主动更新盘活低效用地，鼓励空间创新，助力实现产城融合（见表1-1）。

表1-1　北京经开区城市更新相关政策文件要点汇总

文件名称	政策内容	要点内容
《北京经济技术开发区关于城市更新产业升级的若干措施（试行）》	基本原则	以政府为主导，依法有序，强化用途管制，坚持产业导向，明确入区标准，坚持利益共享、共同发展，坚持绿色发展、产城融合的原则。
	城市更新产业升级方式	1. 鼓励产业升级：鼓励通过提容增效对厂房进行升级改造，以满足自主产业升级需求。 2. 允许转型为产业园区：建成时间不少于6年的，可申请转型为产业园区，以出租房屋的方式引进产业项目。 3. 提倡政府收储、回购：原项目无法继续实施的，提倡以合理的补偿价格收储回购的方式盘活重新利用。
	保障支持方式	1. 引进金融支持：积极引进相关金融机构，通过提供提容改造、园区建设、收储回购等相关的中长期金融产品，以及房产收益权资产证券化等方式，为城市更新产业升级工作提供资金支持。 2. 优化公共设施：将城市更新项目所在区域的市政道路优先纳入市政道路优化改造计划，结合项目产业特点，推进周边公共道路、给排水、供电、供热、燃气、通讯等公共配套设施建设和绿化、环境卫生等提升工程。鼓励将产业园区建设为开放、绿色、智慧园区。 3. 鼓励建设公共服务平台：鼓励产业园区建设与产业定位相关的公共综合服务平台。
	管理措施	对经批准转型为产业园区的项目实行年度评估制度，并建立奖惩机制。

续表

文件名称	政策内容	要点内容
《北京经济技术开发区产业用地标准化管理暂行办法（试行）》	过程监管	第二十一条 土地管理部门按照《北京经济技术开发区关于促进城市更新产业升级的若干措施（试行）》，对已无法满足地块使用条件的项目，纳入城市更新管理，强化土地集约利用。
《亦庄新城产业用地规划建设指标使用管理办法（试行）》	优先保障公共利益	坚持"先更先摊"，即城市更新项目优先保障公共利益（包括三大设施、绿地和其他产业类服务设施）落地，补齐城市发展短板，提升城市空间品质。
	指标使用规则	更新类项目：满足准入条件的更新类项目，可在现状建筑规模的基础上，申请使用规划建设指标。以招拍挂、法拍方式取得土地使用权的项目建筑规模不应超过土地使用权出让合同约定的建筑规模上限。以划拨、协议方式取得土地使用权的项目达到此前约定的建筑规模上限后仍有需求的，可按照第八条情形申请指标奖励，且建筑规模原则上不应超过现行工业用地节地标准规定上限。

经过多年的实践探索，北京经开区形成了平台公司收储回购的更新模式、多元主体合作更新模式、产权单位自主更新模式以及政府引导更新模式四种城市更新模式，形成了平台公司回购更新、坚持"工"改"工"、融入绿色"双碳"理念等城市更新创新经验，初步形成了具有经开区特色的城市更新做法。严格落实总体规划和分区规划，注重政府引导、政策创新、市场参与，突出产业升级和产城融合，走出了一条产业用地更新的良性循环之路。

截至2022年9月，北京经开区已有58个项目进入城市更新阶段，盘活土地约266公顷，占同期出让土地面积比重达到97.2%。盘活的土地提供了448万平方米的高质量产业发展空间，引入504家优质企业，先后支持北汽新能源、威讯半导体、恒瑞药业、绿竹生物等企业项目进一步发展，有效推动了区域高质量发展。①

---

① 经开区城市更新盘活产业用地266公顷，http://kfqgw.beijing.gov.cn/zwgkkfq/yzxwkfq/202209/t20220921_2820095.html。

第四节　经开区城市更新面临的困难和挑战

虽然在开发区发展初期出现的各种问题被逐步修正和缓解，但快速发展下的惯性问题难以在一朝一夕之间得到改正，开发区发展的历史问题也难以马上解决。这些地区存在某些不可逆的发展要素，同时也面临复杂和多变的发展环境，从而逐步累积各种发展问题。其主要的发展问题如下。

一、用地扩展过快，使用低效

我国开发区在起步建设阶段，广泛采用大规模成片开发的策略。从宏观视角审视国家级开发区的建设规模，其范围往往动辄涵盖数十乃至数百平方公里，在体量上可与中等城市相媲美。在开发区用地规模迅猛扩张的进程中，土地开发效率低下的问题如影随形。开发区在发展导向层面过度聚焦经济增长的单一目标，却严重忽视了发展的可持续性。大量耕地资源在这一过程中被持续侵蚀，土地的外延式扩张态势未能得到有效遏制。建成区内的空间布局呈现出显著的非人性化特征，功能构成单一化，缺乏多元活力要素的注入。城市空间拓展的冒进性与土地利用的低效性相互交织，进而引发了一系列错综复杂的发展矛盾与挑战，不利于区域的长远稳定发展。

二、用地分散、结构不合理

开发区是地区经济发展的核心增长引擎，在其示范带动效应下，各城市纷纷踊跃投身于不同类型与等级的开发区建设浪潮之中，由此引发了阶段性的"开发区热"现象。然而，在这一建设热潮中，各开发区的发展水平参差不齐。大部分开发区由于缺乏对自身独特发展条件的精准认知与深度剖析，盲目跟风效仿其他成功案例，导致发展后劲乏力，深陷发展困境，造成了大量公共资源与财政资金的低效配置与浪费。嗣后，虽然国家对发展绩效欠佳的开发区开展了全面清理整顿工作，但即使在经济相对发达、发展态势较好的开发区范围内，依然普遍存在一些共性的发展难题。其中，用地布局分散、土地集约利用程度较低以及用地结构失衡等问题尤为突出。在计划经济体制的深远影响下，城市建设的重心过度倾向于生产经济功能的强化，直接导致生产性用地在整体用地结构中占据过高比例，而生活性用地占比显著偏低。居住配套服务设施用地严重匮乏且布局缺乏合理规划，生活空间与生产空间呈现出明显的割裂状态，这种用地结构的失衡现象在很大程度上制约了开发区的综合发展与居民生活福祉的提升。

三、转型期开发区的评价体系不完善

我国开发区在数量规模与种类多样性方面均呈现出蓬勃发展的态势，这些区域构成了片区进一步深化发展的关键后续动力源泉。然而，当前众多开发区面临发展动力不足的困境，许多发展相对成熟的开发区已积极开启转型探索之路。但就目前而言，针对此类处于转型关键时期的开发区，尚未构建一套系统完备的详细分类研究框架、统一精准的概念界定体系以及标准化的综合评价指标体系。其在转型进程中的现实发展状况、所面临的困境、潜在的机遇以及严峻的挑战等方面均缺乏深入系统的实证研究支撑，在很大程度上限制了开发区转型战略的科学规划与有效实施，不利于其在复杂多变的时代背景下实现可持续的高质量发展转型目标。

四、转型期开发区的现实条件复杂

处于转型发展关键时期的开发区在产业结构深度调整、土地利用综合效益提升以及生态环境改善等核心任务领域均面临前所未有的全新挑战。

从产权结构维度审视，其呈现出高度复杂的特征，传统建设模式的单一性弊端凸显，城市功能体系存在诸多不完善之处。土地利用层面的外延式扩张模式导致空间利用效率低下，新增土地供应难以满足转型发展的多元需求，综合服务能力与服务品质存在明显短板，区域吸引力与活力匮乏，城市资源浪费现象较为严重，生态环境质量亟待进一步提升与优化。这些现实发展困境相互交织、相互影响，共同构成了转型期开发区实现高质量发展转型的重重阻碍，需要在系统规划与精准施策的基础上逐步加以破解与克服。

五、轨道交通发展不足

在北京经开区的核心区域范围内，目前仅布局有亦庄线、T1 轨道交通以及 17 号线等有限的轨道交通线路资源。相较于区域日益增长的人口流动、产业协同以及城市功能整合等多元发展需求而言，现有的轨道交通网络在覆盖范围、线路密度以及运输能力等关键指标方面均存在明显的不足。这一现状在很大程度上制约了区域内部以及与外部区域之间的交通便捷性与高效性，对经开区的产业集聚发展、人才吸引留存以及城市空间拓展等战略目标的实现形成了显著的交通基础设施瓶颈，亟待通过科学合理的轨道交通规划与建设加以改善与提升。

第二章　产城融合背景下城市更新的典型案例

第一节　国外典型案例

在当今全球化背景下，城市化进程与产业发展的交互作用日益显著，产城融合作为一种关键的发展战略模式，受到了众多国家的高度关注，取得了丰硕的成果，为城市与产业的协同可持续发展提供了极具价值的参考范例。

美国在这一领域展现出独特的优势，以加利福尼亚州的硅谷为代表的科技产业园区汇聚了全球顶尖的科技企业与卓越的科研机构，形成了强大的科技创新驱动力，与周边城市的功能配套高度融合，构建了以科技创新为核心的产城融合范式。此外，格林威治对冲基金小镇在金融服务体系的完善与配套设施建设方面表现出色，实现了产业发展与城市品质提升的有机结合。德国在产城融合方面成绩斐然，特别是鲁尔区在历经长期的探索与实践后，成功实现了从传统重工业向现代服务业、高端制造业及科技创新产业的转变，同时城市基础设施、公共服务及生态环境的全面优化，有力地推动了产业与城市的可持续协同发展。斯图加特汽车产业园区凭借完整的汽车产业链以及城市完善的配套服务，吸引了大量产业人才与企业集聚，形成了极具竞争力的产业集群效应。日本的产城融合实践同样具有特色，科技新城筑波科学城通过聚集大量科研机构、高校和企业，打造了以高新技术为核心的产业集群，并在城市规划中充分考量科研与生活需求，实现了科研、产业与生活的有机融合。北九州市通过产业协同与资源共享，构建资源循环利用的产业链，在实现经济效益的同时兼顾环境效益，体现了人与自然和谐共生的发展理念。新加坡则以其综合产业园区和城市综合体为亮点，裕廊工业园作为亚洲早期成立且发展成熟的开发区之一，凭借多元化的产业布局、完善的产业协同机制以及全面的基础设施与公共服务配套，成为产城融合的典范。

深入剖析这些国家在产城融合过程中的具体实践对于丰富产城融合的理论，以及为其他地区在推动产城融合发展过程中提供可借鉴的经验与启示，具有至关重要的学术意义和实践价值。

一、美国产城融合背景下城市更新的典型案例

1. 硅谷

20 世纪 50 年代至 70 年代是硅谷的起步阶段。这一时期硅谷的产业结构较为单一，主要为电子工业和半导体芯片生产。肖克利半导体实验室、仙童半导体公司等纷纷成立，这些公司专注于半导体技术的研发和生产，为后来硅谷的发展奠定了基础。此阶段的产业发展几乎都集中在与硅相关的电子信息技术领域，产业层次处于较低的探索和初步发展水平，企业规模相对较小，多为初创型企业。此时的城市建设处于初始状态，基础设施建设较为简单，以满足企业的生产和员工的基本生活需求为主。城市功能主要为产业服务，缺乏多样化的城市功能和配套设施，商业、文化、娱乐等设施相对匮乏。斯坦福大学在这一时期发挥了重要作用，它允许高科技公司租用校园内的办公场所，形成了最初的产学研合作模式。学校为企业提供技术支撑和人才输送，企业则为学校的科研提供实践场所和资金支

持。然而，此时的产城融合范围相对较小，主要集中在斯坦福大学周边地区，尚未形成大规模的产城融合效应。

20世纪70年代到20世纪末，硅谷进入快速发展阶段，产业规模迅速扩大。苹果、甲骨文、思科等电子和计算机公司相继诞生和发展壮大，企业数量不断增加，产业集群效应逐渐显现。这些企业不仅在硅谷内部形成了紧密的合作与竞争关系，还在全球范围内占据了重要的市场份额，推动了硅谷电子信息产业的快速发展。随着企业的不断集聚，技术创新的速度加快。企业之间频繁进行技术交流和合作，新的技术和产品不断涌现，如微处理器、个人电脑、网络技术等的发明和应用推动了全球信息技术的革命。同时，企业对研发的投入不断增加，吸引了大量的优秀人才和资金，进一步促进了技术创新发展。随着产业的快速发展，城市空间不断拓展。从斯坦福大学周边的区域逐渐向周边城市扩散，如圣何塞、山景城等城市逐渐成为硅谷的重要组成部分。城市的建成区面积不断扩大，新的工业园区、办公区域和住宅区不断涌现。为了满足产业和人口的需求，城市的基础设施建设得到了极大的改善。交通、能源、通信等基础设施不断完善，高速公路、铁路等交通网络密度不断增加，为企业的生产和人员的流动提供便利。同时，城市的供水、供电、供气等能源供应系统也不断升级，保障了城市的正常运转。产业的快速发展带动了城市的繁荣，城市的繁荣也为产业发展提供了更好的支撑。

表2-1 硅谷经济社会发展指标

年份	2013年	2014年	2015年	2016年	2017年	2018年	2019年	2020年
生产总值（亿美元）	2201.66	2255.33	2566.35	2706.81	2856.78	3201.12	3790.69	3524.77
人口（百万）	2.92	2.97	3.00	3.05	3.07	3.07	3.10	3.10
人均生产总值（美元/人）	75399	75936	85544	88747	93054	103261	122280	113702

续表

年份	2013 年	2014 年	2015 年	2016 年	2017 年	2018 年	2019 年	2020 年
专利注册数（项）	16975	19414	18957	19386	19539	18455	21444	20640
人均专利（项/10万人）	581	654	632	636	636	599	692	666
土地面积（平方千米）	4801.84	4801.84	4801.84	4801.84	4801.84	4801.84	4801.84	4801.84
地均生产总值（亿美元/平方千米）	0.46	0.47	0.53	0.56	0.59	0.67	0.79	0.73
就业人数（人）	1423491	1481442	1545805	1591426	1638698	1674255	1703228	1551681
地均就业人数（人/平方千米）	296	309	322	331	341	349	355	323

资料来源：美国商务部普查局。

2000年以来，硅谷的产业开始向多元化发展。除电子工业和计算机业继续保持领先地位外，生物、海洋、新能源等高新技术产业也纷纷崛起。例如，在生物科技领域，涌现出一批具有创新能力的企业和研究机构，开展基因编辑、生物医药等方面的研究和应用。此外，硅谷注重创新生态系统建设，形成包括企业、高校、科研机构、风投公司、科技中介服务公司等在内的多元创新主体协同发展的格局。企业之间的合作更加紧密，创新资源的共享和交流更加频繁，创新成果的转化效率不断提高。同时，硅谷积极营造创新氛围和创新文化，吸引全球的创新人才和企业聚集。在城市建设方面，随着信息技术的发展，硅谷开始注重智慧城市的建设。通过应用大数据、人工智能、物联网等技术，城市的管理和服务水平不断提高。例如，智能交通系统的应用缓解了城市的交通拥堵，智能能源管理系统提高了能源的利用效率，智能安防系统保障了城市的安全。在城市建设过程中，硅谷越来越注重生态环境的保护和改善。它建设了大量的公园、绿地和自然保护区，提高了城市的绿化率和生态环境质量。同时，推广绿色建筑和可持续发展的理念，鼓励企业和居民采用环保技术和产品，减少对环境的影响。产业和城市的融合达到了新的高度，形成了"产城人"融合发展的模式。城市不仅是产业的承载地，而且是人们生活和创新的空间。城市的规划和建设充分考虑了产业的发展需求和人们的生活需求，实现了产业、城市和人的协调发展（见图2-1）。

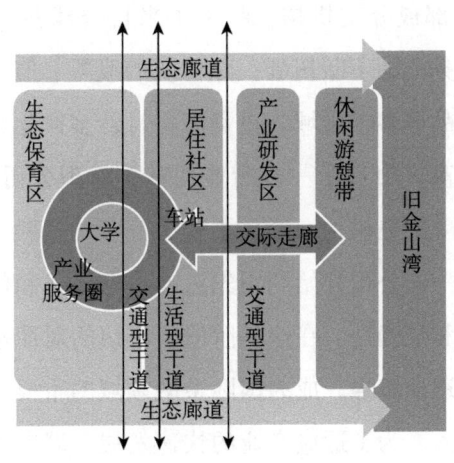

图2-1　硅谷空间结构示意

2. 格林威治对冲基金小镇

格林威治小镇主要聚焦于金融产业。最初，一些具有金融专业背景的创业者或小型团队开始在当地设立对冲基金公司，其业务相对单一且规模较小，主要集中在传统的投资策略和资产管理方面。这些早期的企业主要依赖创始人的个人专业知识和人脉资源来运作，客户群体也较为有限，多为当地的高净值个人客户或小型机构投资者。产业层次处于基础阶段，金融产品和服务的创新能力相对较弱，行业规范和监管体系也在逐步建立和完善过程中。城市基础设施建设主要围绕满足基本的生活和商业需求展开。交通方面，有基本的道路网络连接小镇与周边地区，但交通设施相对简单，以公路交通为主。居住设施方面，有一些适合当地居民居住的普通住宅，但高端住宅和公寓的数量相对较少。商业设施主要包括一些小型的商店、餐厅和银行网点，以满足当地居民的日常消费和金融服务需求。此时的城市空间布局较为松散，没有明显的功能分区，对冲基金公司分散在小镇的不同区域，与居民住宅和商业店铺混合分布。

随着格林威治对冲基金小镇产业规模迅速扩大，大量的对冲基金公司纷纷在小镇设立总部或分支机构，吸引了来自全球各地的专业人才和资金。这些公司的业务范围不断拓展，除传统的股票、债券投资外，还涉足期货、外汇、衍生品等多个领域，投资策略日益多样化和复杂化。行业的专业化程度不断提高，出现了一批专业的基金管理公司、投资顾问公司、风险管理公司等金融服务机构，形成了较为完善的金融产业链。同时，金融科技逐渐兴起，一些公司开始利用先进的信息技术和数据分析工具来提升投资决策的效率和准确性。在这一阶段，小镇的对冲基金产业在全球金融市场中的影响力逐渐增强，成为国际金融领域的重要力量之一，吸引了大量的国际资本流入。为了适应产业的快速发展，城市基础设施建设得到了显著加强。交通方面，小镇改善了道路状况，增加了公共交通线路和班次，方便从业人员和居民的出行。同时，还建设了一些停车场和交通枢纽，以缓解交通压力。在居住设施方面，大量的高端住宅和公寓项目纷纷开工，以满足不断涌入的金融人才的居住需求。这些住宅项目通常配备了现代化的设施和优质的物业服务，如健身房、游泳池、24 小时安保等。商业设施也得到了极大的丰富和升级，出现了高档餐厅、购物中心、星级酒店等商业配套设施。此外，还建设了一些专业的金融服务设施，为金融企业提供了更好的业务开展场所。城市空间布局逐渐优化，形成了明显的功能分区：专门的金融商务区、高品质的居住区和繁华的商业区等，各功能区相互协作，形成了良好的城市生态。产业与城市的融合程度不断加深。对冲基金产业的发展带动了城市经济的繁荣，创造了大量的就业机会，不仅吸引了金融专业人才，还带动了相关产业如房地产、餐饮、零售、服务业等的发展。城市的税收收入大幅增加，政府有更多的资金用于改善城市的基础设施和公共服务。同时，城市的发展也为产业提供了更好的支撑。优质的居住环境和丰富的商业配套设施吸引了更多的金融人才和企业入驻，提升了小镇的人才吸引力和产业竞争力。金融企业与当地政府、学校、科研机构等也开始加强合作，共同推动金融创新和人才培养，形成了良好的产业生态环境。

在转型优化阶段，格林威治对冲基金小镇的产业开始注重可持续发展和创新驱动。一方面，小镇加强风险管理和合规监管，提高行业的稳定性和透明度。另一方面，小镇积极探索新的投资领域和业务模式，如绿色金融、人工智能投资、量化投资等新兴领域。此外，金融科技的应用更加广泛和深入，大数据、区块链、人工智能等技术与金融业务深度融合，推动了金融服务的数字化转型和智能化升级。产业集群效应进一步增强，不仅吸引了更多的对冲基金公司和金融服务机构，还催生了一批金融科技初创企业和创新平台，形成了充满活力的创新生态系统。此时的城市建设更加注重品质和可持续性。在居住环境方面，加强了生态环境保护和绿化建设，打造了更多的公园、绿地和休闲空间，提高了居民的生活质量。同时，推广智能建筑和绿色建筑，降低能源消耗和环境污染。交通设施进一步优化，发展智能交通系统，提高交通效率和安全性，并且加强了城市的信息化建设，提升了城市的数字化水平，为居民和企业提供更加便捷的公共服务和信息交流平台。

表 2-2　格林威治对冲基金小镇产城融合的相关数据

项目	具体信息
地理位置	美国康涅狄格州西南端，距离纽约约 45 分钟车程，周边分布有两大国际机场与一个商务机场，距离最远为 40 分钟左右车程
面积	174 平方公里
人口	不足 10 万人
基金机构数量	超过 400 家基金管理机构，康涅狄格州共有 420 家对冲基金公司

续表

项目	具体信息
知名基金公司	AQR资本管理公司（规模1100亿美元）、孤松资本（160亿美元）、都铎投资（超过100亿美元）、维京全球投资者公司、桥水基金等，全球350多只管理10亿美元以上资产的对冲基金中有近半数公司把总部设在小镇
管理资产规模	康涅狄格州对冲基金公司的总资产约为7500亿美元，资金管理规模超过3万亿美元
教育资源	有多所公立和私立学校，如格林威治高中等，其学校成绩普遍优秀，英语阅读和数学成绩均超过全国平均成绩30%
医疗资源	耶鲁医学院教学医院等
生活配套设施	有现代化图书馆、高档酒店、购物中心等，满足居民多样化生活需求
休闲娱乐设施	高尔夫球场、公园等
网络设施	距离美国北大西洋长岛海峡的海底光缆很近，可靠的高速网络可提高网络数据的实时性和连续性，进而提高交易处理速度

二、德国产城融合背景下城市更新的典型案例

1. 鲁尔区

鲁尔区是德国重要的传统重工业基地，早期主要产业为煤炭和钢铁工业。在起步阶段，其产业结构极度单一，几乎完全依赖煤炭开采和钢铁生产，像克虏伯公司这样的钢铁巨头在此蓬勃发展。产业层次较低，生产方式较为粗放。煤炭开采技术以传统的井下开采为主，钢铁生产也是基于大规模、高能耗的传统工艺。这一阶段的产业发展依靠丰富的煤炭资源和便利的交通条件，产品主要用于满足德国国内基础建设和工业生产的需要。城市建设围绕着工业生产展开。大量的工人住宅被建设在工厂附近，这些住宅通常是密集型的公寓，以方便工人上下班。基础设施主要为了服务工业运输，包括密集的铁路和公路网络，用于煤炭和钢铁的运输。城市的公共设施相对匮乏，除了基本的工人社区服务设施，如小型商店、简易诊所外，文化、娱乐等设施很少。城市空间布局呈现出工业核心区与工人聚居

区紧密相连的状态，整个城市面貌以工厂烟囱和密集的工人住房为主。产业与城市的融合是一种基于工业生产需求的简单融合。城市的存在主要为工业提供劳动力和基本的生活服务，工业则是城市发展的经济支柱。工人的生活与工作紧密相连，生活几乎完全依赖工厂。例如，城市的经济兴衰与煤矿和钢铁厂的生产状况直接相关，产业波动会立即影响城市居民的就业和生活水平。

随着工业技术的进步和市场需求的增长，鲁尔区进入快速发展阶段。煤炭和钢铁产业的规模持续扩大，形成了庞大的产业集群。煤矿的开采量和钢铁的产量大幅增加，同时产业链也逐渐延伸，矿石开采、焦炭生产、钢铁加工等一系列上下游产业紧密协作。这一时期，鲁尔区的产业在德国乃至欧洲的经济中发挥着巨大的带动作用，产品大量出口。城市空间随着产业的扩张迅速拓展。新的工厂区、仓库区不断建设，同时为了满足工人数量增加所产生的更多需求，更多的住宅区被开发。基础设施建设成效显著，交通网络更加完善，包括新建了更多的铁路专线和高速公路，港口也得到了扩建，以适应煤炭和钢铁等大宗商品的大规模运输。公共服务设施有所改善，出现了一些规模较大的医院、学校和商业中心。但这些设施在布局和质量上仍然主要是为了满足工人的基本需求，城市的生活品质和环境质量尚未得到足够的重视。产业和城市的融合更加紧密。城市的繁荣与产业的发展高度同步，产业的扩张吸引了大量来自德国其他地区和周边国家的劳动力，城市人口急剧增加。城市为产业提供了劳动力、土地和基础设施等支持，产业则为城市带来了经济收入和就业机会。但是，这种融合也导致了城市对产业的过度依赖，一旦产业出现危机，城市的经济和社会稳定将面临巨大挑战。

在转型优化阶段，鲁尔区意识到传统重工业的局限性，开始注重产业结构的调整和科技发展。煤炭和钢铁产业逐渐收缩，新兴产业如汽车制造、电子信息、新能源、化工新材料等得到大力发展。例如，鲁尔区积极引进汽车零部件制造企业,发展电动汽车技术研发中心。高新技术企业的数量逐渐增加,产业层次不断提升。同时,鲁尔区注重发展文化创意产业,对大量的工业遗迹进行改造,打造了许多工业文化博物馆、艺术创意园区等。这种多元化的产业转型使鲁尔区逐渐摆脱了对传统重工业的依赖,形成了新的产业竞争力。城市建设的重点转向了环境优化和生活服务功能的提升。对原有的工业污染区域进行生态修复,建设了大量的公园、绿地和休闲步道。居住功能建设得到加强,开发了高品质的住宅社区,注重社区环境和配套设施的完善。公建配套设施进入高质量发展时期,大型的购物中心、现代化的医院、综合性的文化艺术中心等在城市中心和各个社区大量积聚。城市的交通系统也更加智能化,注重公共交通和慢行交通系统的建设,以提高城市的可达性和宜居性。产城融合达到了新的高度。

表2-3 鲁尔区产城融合发展代表性项目与案例

项目名称	类型	功能描述
鲁尔公园 (Ruhr Park)	生态公园与 工业遗产再利用	将废弃的煤矿区转化为大型生态公园,形成休闲、文化和绿地空间
鲁尔文化之都 (Ruhr 2010)	文化创意产业、 旅游项目	将鲁尔地区的文化、历史与创意产业结合,推动文化复兴与地区品牌建设
杜伊斯堡港 (Duisburg Port)	现代物流与 高技术产业	转型为欧洲最大的内陆港(inland port),集成高科技、物流与环保产业
西门子工业园区 (Siemens Industrial Park)	高科技产业园区	聚焦自动化、能源、环境保护等领域的创新企业,推动绿色高科技产业发展
波鸿文化区 (Bochum Cultural District)	文化产业、创意经济	旧矿区改造为文化艺术中心、剧院与创意工作室,推动文化经济发展

2. 斯图加特汽车产业园区

在起步阶段,斯图加特的汽车产业主要围绕汽车制造这一核心产业展开,早期的汽车企业如奔驰等在当地逐渐扎根。此时产业较为单一,主要业务集中在汽车整车的生产，包括汽车发动机制造、车身组装等基础环节。产业层次处于传统机械制造阶段，生产技术主要依赖手工技艺和简单的机械加工设备。汽车生产的自动化程度较低，生产效率不高。产品以满足本地和德国国内市场需求为主，品牌逐渐在豪华汽车领域崭露头角。城市建设紧密围绕汽车产业。为了便于汽车零部件的运输和整车的配送，交通基础设施建设侧重于公路和铁路，建设了连接工厂和原材料供应地、销售市场的交通网络。在工厂周边建设大量工人宿舍，以方便员工通勤，这些宿舍区配备简单的生活设施，如食堂、小卖部等。城市的其他功能区相对简单，除与汽车产业直接相关的设施外，公共服务设施如医院、学校等数量有限，规模较小。文化娱乐设施也比较匮乏，城市的主要功能是为汽车产业提供劳动力和基础的生活保障。

随着汽车市场需求的增长和技术的进步，斯图加特汽车产业进入快速发展阶段。汽车产业规模迅速扩大，除奔驰外，保时捷等著名汽车品牌也在当地蓬勃发展。产业集群逐渐形成，汽车零部件供应商大量聚集在园区周边，形成了完整的汽车产业链。产业层次不断提升，汽车生产技术从传统机械制造向精密机械加工和自动化生产转变。研发投入不断增加，汽车企业注重技术创新，如发动机技术的升级、汽车安全性能的提高等。产品不仅在德国国内市场占据主导地位，还大量出口到世界各地，对区域经济的带动作用显著增强。城市空间随着汽车产业的扩张而快速拓展，新建了更多的工业园区和汽车研发中心，厂房和办公区域的面积不断扩大。为了满足产业工人数量的增加和居民生活质量的提升需求，城市建设了更多的住宅区，住宅品质也有所提高。基础设施建设也取得重大进展，交通网络更加密集，包括高速公路的扩建、城市道路的拓宽和公共交通系统的优化。同时，能源供应、给排水系统等也得到升级，以满足汽车产业和城市居民的需求。公共服务设施如医院、学校的规模和数量有所增加，商业设施更加多样化，出现了大型超市、汽车销售展厅等。产业与城市的融合更加紧密和多元化。汽车产业的发展吸引了大量的劳动力和相关产业人才，城市人口迅速增长。

在转型优化阶段，斯图加特汽车产业园区开始注重可持续发展和科技引领。汽车产业向新能源汽车、智能汽车方向转型，加大了在电动汽车技术、自动驾驶技术等领域的研发投入。传统汽车制造企业与科技公司、电池供应商等建立紧密的合作关系，形成了新的产业生态。产业层次进一步提升，智能制造技术得到广泛应用，汽车生产的自动化、智能化程度大幅提高。同时，汽车后市场服务、汽车金融等产业也得到了快速发展，产业结构更加多元化。产业园区内的企业更加注重创新和品牌建设，通过技术创新和服务升级来提升竞争力。城市建设重点转向生态环境优化和智能化建设。在生态方面，加强了城市的绿化建设，建设了更多的公园和生态廊道，以改善城市的空气质量和生态环境。在智能化建设方面，推进城市的智慧交通系统、智慧能源系统和智慧社区建设。居住功能建设注重打造高品质、智能化的住宅社区，配备智能家居系统、绿色建筑技术等。公建配套设施更加注重质量和多样性，建设了大型文化艺术中心、科技展览馆、体育场馆等，以满足居民的文化、娱乐和体育需求。新能源汽车和智能汽车产业的发展为城市带来了新的经济增长点和就业机会，吸引了大量高科技人才和创新型企业。城市的生态环境和智能化建设为产业发展提供了良好的人才居住环境和创新氛围。

表2-4 斯图加特汽车产业园区企业数量及产值统计

类别	具体数据
汽车相关企业数量	斯图加特汽车产业集群内聚集了超过2000家与汽车相关的企业，这些企业涉及整车制造、零部件生产、研发、高等教育等多个领域。
汽车产业从业人数	斯图加特地区的汽车产业从业人数占全国总人口的1/7，这显示了该地区在汽车产业方面的劳动力密集程度。
汽车产业产值占比	斯图加特汽车产业集群的汽车产值占全球汽车产值的5%，在全球汽车产业中具有重要地位。

三、日本产城融合背景下城市更新的典型案例

1. 筑波科学城

筑波科学城建设初衷是聚焦科研相关的产业，在早期主要围绕基础科研设施建设和基础研究机构设立，以科研生产为重点。当时大量的资源被投入国家研究机构的建设中，筑波大学等科研教育机构的创立是为了服务基础科研这一核心目标，产业层次处于基础研究层面。从产业结构来看，科研相关的制造业和基础研究服务产业占绝对主导地位，其他产业如生活服务业、商业等发展滞后。这是因为建设初期的重点是构建科研基础，类似于"重生产并且先生产"的模式。城市的功能主要是围绕科研机构和科研人员的基本工作需求展开，对生活娱乐等方面的考虑较少。起步阶段的城市更新主要是用于科研机构和相关产业设施建设的城市开发。筑波科学城划分出专门的科研区域，建设实验室、研究中心等设施。例如，在筑波山脚下的大片土地被规划为科研用地，用于建设物理、化学等基础学科的研究设施。同时，城市的交通网络也初步形成，主要是为了方便科研人员和物资的运输，连接各个科研机构以及与外部城市的交通枢纽。

随着筑波科学城的发展，其规模不断扩大，实力增强，在区域经济中的带动作用逐渐显现。产业集中程度提高，形成了一定的产业规模。科研机构之间的合作增多，围绕一些重点科研项目形成了产业集群的雏形。主导产业开始凸显，如在基础科研领域，筑波的高能物理、材料科学等具有优势，对周边相关产业产生了辐射带动作用。然而，在这个阶段后期也出现了问题。虽然科研产业有了一定规模，但尚未形成真正的高新技术产业集群。这导致企业资源配置效率不高，竞争力不强。在城市空间上，筑波科学城快速拓展。交通网络更加完善，不仅内部的道路更加便捷，而且与外部城市的连接也更加紧密。同时，开始建设一些基本的生活服务设施，如小型的商业中心、餐饮场所等，以满足科研人员和居民的日常生活需

求。但是，这些生活服务设施的规模和档次相对较低，还不能满足多样化的需求。在城市更新过程中，开始注重城市的整体规划，划分不同的功能区，如科研区、生活区等，但功能区之间的协同还不够紧密。

在转型优化阶段，筑波科学城开始高度重视科技在产业中的引领地位，积极提升产业层次。高新技术企业发展迅猛，逐步实现产业结构的优化升级。例如，在信息技术、生物技术等前沿领域，大量的高新技术企业入驻筑波科学城，与科研机构建立了紧密的合作关系。这些企业将科研成果进行产业化应用，形成了产学研销的完整产业链。同时，产业的多元化发展促进了不同产业之间的融合，提升了整体的产业竞争力。在生活服务功能方面，筑波科学城迎来了建设高潮。居住功能建设得到加强，建设了大量高品质的住宅，满足不同人群的居住需求。环境优化方面，加大了对城市绿化、景观的投入，打造了更加宜人的居住和工作环境。公建配套设施不断完善，在新城中心积聚了多样化、大型化的公共设施。例如，大型的文化中心、体育场馆、购物中心等设施的建设使新城的自给自足性明显增强。筑波科学城吸引了周边地区甚至其他城市的人口，成为人们向往的就业生活聚集地。在这个阶段，城市更新更加注重产城融合的协调性，通过优化城市功能布局，促进产业与城市生活的良性互动。

表 2-5 筑波科学城产城融合的社会经济效益

指标	数据/具体影响	变化趋势/备注
地区生产总值增长	筑波市（包括筑波科学城）生产总值约为 2.7 万亿日元（2022 年数据）。筑波市生产总值年均增长率约为 4%。	筑波科学城作为科技创新和产业聚集区，对地区生产总值增长贡献显著。
高科技产业占比	高科技行业（如生物技术、环境科技、信息技术等）约占筑波经济的 35%，产业以创新、研发和技术转化为主。	高科技产业的占比逐年增长，成为筑波经济发展的主力。
就业增长	科技、教育和研发相关领域提供的就业岗位超过 15 万个。筑波市的科技行业就业人数约为 3.5 万人。	高技能岗位的需求持续增长，尤其是在研发、工程和信息技术领域。

续表

指标	数据/具体影响	变化趋势/备注
人才吸引	筑波市接纳外来人口的比例达到15%,其中70%为科研人员、工程师和技术专家。	筑波的创新平台和教育资源继续吸引全球人才,特别是在生物、信息技术和环境领域。
大学和研究机构	筑波大学、筑波技术大学和其他研究机构有约2万名研究人员。筑波大学是日本科研人员和国际学者的汇聚地。	筑波大学在全球排名不断上升,成为日本顶尖科研机构之一。
企业孵化与科技园区	筑波研究学园都市内的创新企业超过2000家。筑波科技大楼等孵化器孵化了超过300家初创企业。	科技园区和孵化器不断壮大,推动创新成果的商业化和产业化。
区域创新产出	筑波市每年有约300项科研成果转化为实际产品或技术应用。研究领域主要集中在生命科学、环境科技、人工智能等领域。	创新成果的转化率高,尤其在生物医药、机器人、环境保护等领域具有国际领先地位。
生活质量提升	筑波的住宅价格年均上涨3%~5%,反映了居住环境的提升。城市绿化率达到40%以上,建设了多个生态公园和绿色走廊。	高品质的住宅区和绿色空间提升了居民的生活质量,吸引了更多外来人口。
公共交通系统	筑波市已连接东京和成田等都市的高速铁路和快速公路。筑波市内有15条公共交通线路,交通效率提升。	智能交通系统和高效的公共交通网络不断增加市民的出行便利性。
社会福利水平	筑波市的社会福利支出约占地方预算的20%,包括教育、医疗、养老等方面。医疗服务达到95%的覆盖率,提供高质量的社会保障。	高质量的公共服务、医疗、教育和福利设施吸引了大量高收入人群和科研人才。
绿色科技与可持续发展	筑波市实施的绿色科技项目年均减少碳排放10万吨。绿色建筑占新建建筑的40%以上,推行低碳经济和可再生能源。	绿色城市建设持续推进,筑波成为环保和可持续发展的标杆城市。

2. 北九州市生态产业园区产城融合城市更新案例分析

北九州市曾是日本重要的重工业城市,在传统工业衰落的背景下,开始探索生态产业转型之路。北九州市最初主要是对传统钢铁、化工等产业进行初步改造,尝试引入资源循环利用和环保理念。例如,部分企业开始建立简单的废弃物回收系统，将生产过程中的废渣、废水进行初步处理和再利用。尽管有生态产业转型的意识，但此时产业结构仍然较为单一，传统产业占比较大，新兴的生态产业规模小且技术含量有限。主要的生态产业活动集中在废弃物回收处理和少数初级资源再生利用环节，产业链较短，对经济的带动作用不明显。城市基础设施建设主要围绕传统工业的改造和初步的生态产业需求展开。对旧的工业厂房和管道系统进行简单修复和改造，以适应新的废弃物处理和资源回收流程。交通方面，对原有的工业运输通道进行适当拓宽和优化，方便原材料和再生产品的运输。城市开始对功能分区进行初步的调整，划分出传统工业区、生态产业试验区和居民生活区。由于产业转型初期资金和技术的限制，各功能区之间的界限不够清晰，存在一定程度的交叉和混乱。生态产业的初步发展与城市建设开始产生联系，主要体现在将城市的部分基础设施改造为生态产业服务。例如，一些废弃的工业用地被改造为小型的生态产业园区，为当地居民提供了少量的就业机会，同时也减少了传统工业对城市环境的污染。然而，由于产业规模小和技术水平低，产业与城市的互动较为有限。生态产业对城市经济的拉动作用较小，城市的生活服务功能也未能很好地满足生态产业发展的需求，产业与城市之间还没有形成有效的协同发展机制。

随着生态产业理念的深入和技术的进步，北九州生态产业园区进入快速发展阶段。产业集群开始形成，涉及多个生态产业领域，如钢铁废渣的深度利用、化工废气的净化和再利用、废旧塑料和橡胶的循环加工等。这些产业之间相互协作，形成了较为完整的资源循环产业链。企业加大了对生态技术的研发投入，引进和开发了先进的废弃物处理技术、资源再生技术和清洁生产技术。例如，通过创新的冶金工艺，将钢铁废渣转化为具有高附加值的建筑材料；利用生物技术对化工废气进行净化和转化，生产有机肥料等产品。产业层次得到提升，产品不仅在日本国内市场具有竞争力，还出口到国外。为了适应产业集群的发展，城市空间得到快速拓展和优化。新建了多个生态产业园区和配套的物流园区，园区内的基础设施更加完善，包括现代化的厂房、仓储设施和环保设施。同时，加强了生活区和产业区之间的交通联系，修建了专用的运输通道和公共交通线路，方便员工通勤和产品运输。城市加大了对公共服务设施的投入，建设了一批与生态产业相关的职业培训学校、技术研发中心和检测机构。同时，医院、学校、商业中心等公共服务设施的质量和规模也得到了提升，以满足产业工人和城市居民的需求。生态产业的发展为城市带来了经济活力和就业机会，吸引了大量的人才和资金。城市为产业提供了土地、基础设施和公共服务等支持，促进了产业的繁荣。产业与城市之间的协同发展初显成效，生态产业的发展理念开始融入城市规划和建设中。城市的生态环境得到改善，居民的环保意识增强，形成了有利于生态产业发展的社会环境。同时，城市的科技创新能力和产业竞争力也得到了提升，为生态产业的进一步发展提供了动力。

在转型优化阶段，北九州生态产业园区的产业结构更加多元化和高端化。除了传统的资源循环利用产业外，还积极开展生态环保技术研发、新能源开发、生态农业等新兴产业，例如，建设太阳能和风能发电项目、开展有机农业和生态养殖的试验和推广。产业的技术含量和附加值不断提高，形成了以生态产业为核心，多个相关产业协同发展的格局。建立了完善的生态产业创新生态系统，包括政府政策支持、科研机构合作、金融机构投资和企业创新等多个环节。政府出台了一系列鼓励生态产业发展的政策，如税收优惠、研发补贴和绿色采购等；科研机构与企业加强了合作，共同开展前沿生态技术的研究和开发；金融机构加大了对生态产业的投资力度，为企业提供了资金支持。城市建设向智慧城市和生态城市方向发展。利用信息技术和智能技术，建设了智能能源管理系统、智能交通控制系统和智能环境监测系统等，提高了城市的能源利用效率、交通运行效率和环境管理水平。同时，加强了城市的生态环境建设，建设了更多的公园、绿地和生态湿地，推广了绿色建筑和低碳生活方式。城市的功能分区更加合理，生态产业园区、生活区和商业区之间的融合更加紧密。通过打造多功能的城市综合体和生态社区，实现了工作、生活和休闲娱乐的一体化。城市的公共服务设施和生活品质得到了进一步提升，吸引了更多的人才和投资，增强了城市的吸引力和竞争力。产业与城市实现了深度融合，生态产业的发展成为城市经济增长和社会进步的核心动力。城市的生态环境和生活品质的提升为产业发展提供了良好的条件，吸引了高端人才和创新企业。

表2-6 北九州市生态产业园区产城融合发展历程

发展阶段	主要特点	关键项目/举措	时间
初期规划阶段	以环保产业为主，推动绿色经济发展	初步规划生态产业园区，设置产业发展目标；启动环保产业和废物处理设施	1990—2000年
产业集聚与环保推进	吸引绿色产业和环保企业入驻，推动循环经济	建设绿色能源、废弃物回收和环境修复项目；引入太阳能、风能、再生能源等绿色项目	2000—2010年
生态与城市融合	强化产城融合，促进绿色产业与城市功能结合	开发绿色住宅区、公共设施和绿色公园；打造生态建筑和节能设施	2010—2020年
智能化与可持续发展	推动智能化、数字化与绿色技术融合	引进智能交通、智慧城市技术；实施碳中和计划和绿色建筑标准	2020年至今

四、新加坡裕廊工业园产城融合背景下城市更新的典型案例

20世纪60年代初，新加坡政府将裕廊划定为工业园区，明确了其产业发展的方向。最初，园区以劳动密集型产业为主，如简单的制造业、加工业等，这主要是基于当时新加坡的资源禀赋和经济发展需求确定的。这

些产业对技术要求相对较低，能够快速吸收大量劳动力，解决了新加坡就业和工业落后的问题。政府投入大量资金进行基础设施建设，包括道路、港口、码头、电力、供水等，为产业发展提供了条件。同时，政府制定了一系列优惠政策，如低息贷款、税收优惠等，吸引了国内外企业入驻。企业在政府的支持下，积极参与园区建设，逐步形成了产业集聚效应。在城市建设方面，主要围绕产业发展的需求进行。首先建设了与产业相关的配套设施，如工业厂房、仓库等。同时，为了满足产业工人的基本生活需求，建设了一些简单的居住设施和生活服务设施，如宿舍、食堂、便利店等。但这些设施的数量和质量都相对有限，主要是为了解决产业工人的基本生活问题。园区初步形成了功能分区，简单分为产业区与生活区。产业区主要集中在园区的东部和南部，便于货物的运输和生产活动的开展；生活区则主要集中在园区的西部和北部，相对远离产业区，以减少生产活动对居民生活的影响。产业带动城市初步发展，吸引了大量人口流入。这些人口主要是产业工人及其家属，他们的到来为城市的发展提供了劳动力和消费市场。城市的基础设施建设也随着人口的增加不断完善，如道路的拓宽、公共交通的发展等。在这一阶段，产城融合的互动相对单一，主要是产业发展带动城市基础设施建设和人口增长，城市的发展反过来为产业提供了劳动力和市场。但产业与城市之间的联系还不够紧密，城市的功能主要是为产业服务，缺乏多元化的发展。

到了20世纪80年代，裕廊工业园进入快速发展阶段，产业逐渐向技术与资本密集型转变。园区吸引了电子、半导体、机械制造等大量高附加值企业，这些企业对技术和资本的要求较高，带动了园区产业的升级和发展。随着产业的发展，产业链不断完善。企业之间的合作更加紧密，上下游企业之间实现了协同发展。例如，在电子产业领域，形成了从电子元器件生产、电子产品组装到电子产品销售的完整产业链，提高了产业的附加值和竞争力。随着产业的快速发展和人口的不断增加，城市空间不断拓展。开发园区周边的土地，建设了更多的工业厂房、写字楼和商业设施。同时，城市的配套设施也得到了升级，如建设现代化的购物中心、医院、学校等，提高了城市的生活品质。为了满足产业发展和居民生活的需求，交通网络不断优化。建设更多的道路和桥梁，改善了公共交通系统，加强了园区与市区以及其他地区的联系，提高了交通的便利性和效率。产业的升级和发展为城市带来了更多的就业机会和经济收入，促进了城市的繁荣。城市的配套设施升级和交通网络优化为产业的发展提供了更好的条件，吸引了更多的企业和人才进入。产城之间的相互促进作用更加明显，融合度不断提高。城市的功能不再仅为产业服务，而是逐渐向多元化发展。除了工业生产，城市还具备商业、金融、文化、教育等多种功能，满足居民的多样化需求。城市的发展也更加注重生态环境的保护，建设了更多的公园和绿地，改善了城市的生态环境。

表 2-7　裕廊工业园基础设施与公共服务情况

基础设施类型	项目名称	功能描述
交通设施	裕廊地铁站、裕廊轻轨、裕廊大道	高效的公共交通系统，连接各大产业区与居住区
教育资源	裕廊国际学校、裕廊科技大学	高质量的教育资源，吸引国际化高端人才
医疗服务	裕廊综合医院、社区医疗中心	提供全面的医疗服务，保障居民与产业从业者健康
商业设施	裕廊购物中心、商业办公大厦	提供一站式购物、餐饮、娱乐和商务办公空间
生态设施	裕廊生态公园、湿地保护区	提供公共休闲、绿地空间，提升生态环境质量

20世纪90年代以来，裕廊工业园进入转型优化阶段，知识经济占据主导地位。园区出现了商业园、技术园、后勤园等新概念园区，重点发展知识密集型和创新型产业，如生命科学、信息技术、创意产业等。为了支持创新产业的发展，园区形成了产业创新生态系统。政府加大了对科研机构和创新企业的支持力度，建立了科技研发中心、创业孵化基地

等平台,吸引了大量的科研人才和创新企业。企业之间的合作更加紧密,形成了创新联盟和产业集群,共同推动产业的创新发展。城市建设向智慧城市方向发展,利用信息技术和智能技术,提升城市的管理水平和服务质量。建设了智能交通系统、智能能源管理系统、智能安防系统等,提高了城市的运行效率和安全性。加强了城市文化建设,举办了各种文化活动和艺术展览,建设了文化中心、博物馆、图书馆等文化设施,提升城市的文化品位和吸引力。城市的建筑风格也更加多样化和现代化,体现了新加坡的城市特色和文化内涵。产业的创新发展与城市的建设紧密结合,形成了产城深度融合的发展模式。创新产业的发展为城市带来了新的经济增长点和发展动力,城市的建设为创新产业的发展提供了良好的环境和条件。

表2-8 裕廊工业园产业与城市功能结合的主要项目

项目名称	类型	功能描述
裕廊创新区	高科技产业园区	聚集先进制造业、绿色能源、环保技术等创新型产业
裕廊港区	物流和港口产业	全球物流枢纽,提供运输与仓储服务
裕廊生态园区	绿色生态园区	提供环保、可持续的办公与居住环境,保护生态资源
裕廊文化园	文化与休闲功能区	提供艺术、文化活动与休闲设施
裕廊东与裕廊西住宅区	住宅区及生活配套设施	提供高品质住宅、教育、医疗等生活服务设施

第二节 国内典型案例

在当今城市发展的进程中,产城融合城市更新已成为提升城市竞争力、促进经济可持续发展的重要战略。本节将聚焦国内极具代表性的四个案例——苏州工业园、北京中关村、江西景德镇陶阳里、深圳前海自贸区。

苏州工业园作为外向型经济和现代化制造业的典型代表，重点发展电子信息、机械制造等先进制造业，同时也涵盖金融、物流、商务办公等现代服务业。北京中关村是我国科技创新的核心区域，是高新技术产业的摇篮，以信息技术、生物医药、人工智能、新材料等高新技术产业为主导，汇聚了众多科研机构、高等院校和创新型企业。江西景德镇陶阳里承载着千年瓷都的历史底蕴，核心产业是陶瓷文化产业。深圳前海自贸区是我国金融开放和现代服务业创新发展的高地，重点发展金融、现代物流、信息服务、科技服务、专业服务等高端现代服务业。通过对这四个典型案例的详细分析，可以深入理解我国不同产业类型下产城融合城市更新的模式、路径和方法，为我国城市产业发展与城市建设融合的实践提供宝贵的经验和指导。

一、苏州工业园

苏州工业园建设之初，产业结构相对单一，重点是工业生产的招商引资，以劳动密集型的低端制造业为主导，如电子、机械等基础加工产业。在当时中国经济增长初期的大环境下，劳动力资源低廉且充足，发展这类产业能够快速带动区域经济增长，实现原始的资本积累和产业基础搭建。但整体产业层次相对较低，技术含量和附加值不高，对高端人才的吸引力有限。在园区规划下，产业用地集中布局，形成了一定的产业聚集效应，企业之间的合作和交流开始初步建立。然而，当时的产业关联还不够紧密，产业链的完整性有待进一步提升。这一阶段的城市更新主要聚焦基础设施建设，以满足工业生产和居民基本生活需求，包括大力修建道路、桥梁、水电等基础配套设施，为产业的发展提供了必要的硬件支持。例如，园区内的道路网络初步形成，保障了企业的物流运输和人员出行。生活服务设施方面的建设力度相对较小，仅配备了一些基本的居住小区、小型超市、诊所等，无法满足居民日益多样化的生活需求。城市的功能以生产为主，生活功能相对薄弱，产城融合处于初级阶段。

随着苏州工业园的不断发展，产业规模迅速扩大，吸引了大量的国内外企业入驻，形成了具有一定规模的产业集中。电子信息、机械制造、生物医药等产业快速发展，产业集群效应逐渐凸显，企业之间的合作更加紧密，产业链不断延伸和完善。在产业发展过程中，一些优势产业逐渐脱颖而出，成为园区的主导产业，如电子信息产业成为园区的支柱产业之一，吸引了众多上下游企业聚集，形成了完整的产业生态链。主导产业的发展对其他相关产业产生了强大的带动作用，推动了整个园区经济的快速增长。在快速发展的后期，产业发展暴露出一些问题，例如，产业结构仍有待进一步优化，虽然主导产业发展强劲，但新兴产业和服务业的发展相对滞后；部分企业的创新能力不足，在高端技术和产品研发方面与国际先进水平仍存在一定差距。为了满足产业发展和人口增长的需求，城市空间不断向外拓展，新的产业园区和居住区不断涌现。同时，城市的功能分区逐渐明确，形成了工业区、商业区、居住区等不同的功能区域，城市的空间布局更加合理。交通、能源、通信等基础设施建设取得了显著成效，高速公路、轨道交通等交通网络不断完善，提高了城市的交通运输效率；能源供应更加稳定，通信技术不断升级，为产业发展和居民生活提供了更好的保障。随着人口的不断聚集，对生活服务设施的需求日益增加，园区开始加大对生活服务设施的建设力度。大型购物中心、医院、学校、文化场馆等公共服务设施逐步建成，城市的生活功能不断完善，产城融合的程度逐渐加深（见图2-2）。

在转型优化阶段，苏州工业园开始注重科技在产业中的地位，加大对科技创新的投入，积极引进高端人才和先进技术，推动产业向高端化、智能化、绿色化方向转型。例如，在生物医药、纳米技术、人工智能等新兴

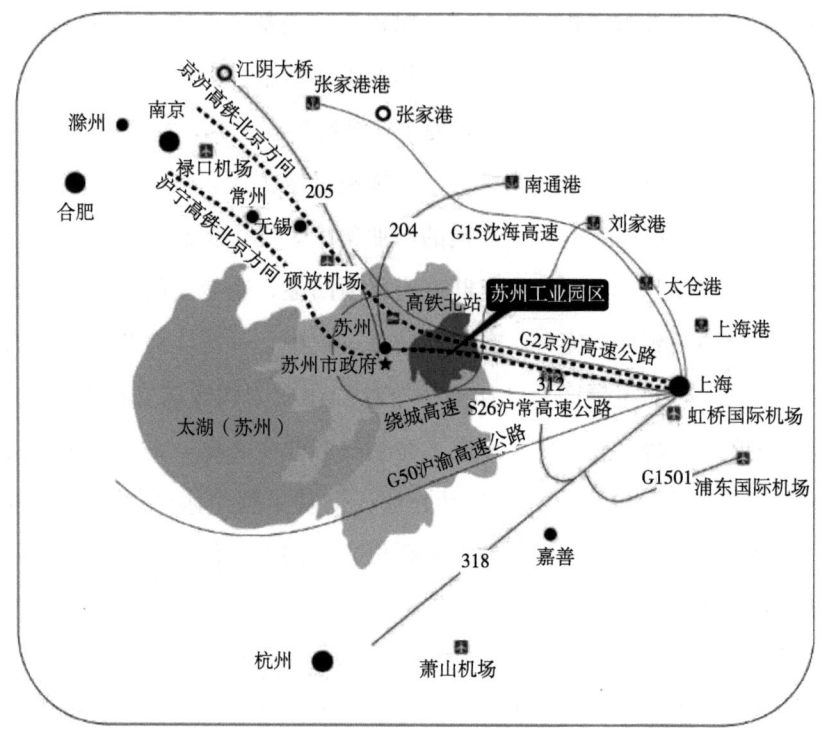

图 2-2 苏州工业园区区位和交通

（资料来源：苏州工业园区管理委员会官网，

https://www.sipac.gov.cn/szgyyq/dljt/common_tt.shtml）

产业领域取得显著突破，培育了一批具有核心竞争力的创新型企业。在巩固和提升原有优势产业的基础上，积极发展现代服务业、文化创意产业等新兴产业，实现产业结构的多元化发展。服务业的比重逐渐提高，与制造业相互融合、相互促进，形成了良性的产业发展格局。建立了一批产业创新平台和科技企业孵化器，为企业的创新发展提供了良好的环境和条件。企业之间，企业与高校、科研机构之间的合作不断加强，形成了产学研用一体化的产业创新生态系统，促进了科技成果的转化和应用。在城市更新过程中，更加注重城市品质的提升，加强对城市景观、建筑风貌的规划和设计。对老旧小区、老旧厂房进行改造升级，打造了一批具有特色的文化创意园区和创新街区，既保留了城市的历史文化底蕴，又为城市注入了新的活力。加大对生态环境的保护和治理力度，推进绿色城市建设。加强对河流、湖泊等水系的治理，增加城市绿地和公园的建设，提高城市的生态环境质量，营造了更加宜居的城市环境。积极推动智慧化城市建设，运用大数据、云计算、物联网等信息技术，提升城市的管理水平和服务效率。例如，建立了智能交通系统、智慧社区管理平台等，为居民提供更加便捷、高效的公共服务。

苏州工业园区自设立以来经济指标的变化充分体现了产业与城市功能协同升级的显著成效（见表2-9）。从地区生产总值来看，1994年仅为11.32亿元，至2023年跃升至3686亿元，增长超过325倍，表明园区经济规模快速扩张，为城市更新提供了坚实的物质基础。规模以上工业总产值从35.86亿元增长至6509.36亿元，工业实力的几何级增长反映了产业集群化发展的成功，先进制造业的集聚不仅带动了就业，还推动了产城空间的高效整合。固定资产投资从6.97亿元攀升至592.87亿元，体现了基础设施、公共服务设施与产业载体的持续投入，为产城融合提供了硬件支撑。从开放型经济维度来看，实际利用外资从0.7亿美元增长至19.51亿美元，进出口总额从零突破至6069.67亿美元，凸显了园区国际化水平的提升。外资的引入加速了技术溢出与产业升级，而外向型经济的繁荣则促进了城市功能与国际接轨，形成"以产促城、以城兴产"的良性互动。高新技术企业数量2023年达2779家，标志着园区从传统制造向创新驱动的转型，科技要素的集聚不仅催生出新兴产业，还推动了智慧城市建设，助力城市功能向高端化升级。与此同时，2023年城镇居民人均可支配收入达92593.3元，远超全国平均水平，表明经济发展成果有效转化为民生福祉，实现了"产—城—人"深度融合——产业升级吸引高素质人才，而宜居环境的打造与居民收入提升又进一步反哺产业创新，形成可持续的发展闭环。

表 2-9　苏州工业园区主要经济指标变化

经济指标	1994 年	2023 年
地区生产总值（亿元）	11.32	3686
规模以上工业总产值（亿元）	35.86	6509.36
固定资产投资（亿元）	6.97	592.87
实际利用外资（亿美元）	0.70	19.51
进出口总额（亿美元）	0	6069.67
高新技术企业数量（家）	—	2779
城镇居民人均可支配收入（元）	—	92593.3

资料来源：苏州市人民政府网，苏州工业园区管理委员会。

二、北京中关村

20 世纪 80 年代，中关村从最初的"中关村电子一条街"开始起步，以电子产品的销售、贸易以及简单的电子设备组装等初级产业形态为主。随着市场发展，一些科技型企业开始在中关村聚集，形成了一定的产业集群效应。例如，早期的联想、方正等企业在中关村扎根发展，吸引了相关产业链上的企业不断汇聚，为中关村产业的进一步发展奠定了基础。在起步阶段，中关村地区的城市功能主要是围绕产业发展发挥作用。建设了一些简单的办公场所、电子市场等，以满足企业的生产经营需求。居住、商业等城市功能相对薄弱，主要是为了满足产业从业者的基本生活需求。开始建设一些基础的道路、水电等基础设施，以保障产业的正常运转和人员的基本生活需求。但基础设施的建设水平相对较低，无法满足产业快速发展和人口不断增加的需求。由于缺乏统一的规划和管理，中关村地区的空间布局较为混乱，企业、市场、居住等功能区域相互混杂，影响了产业的发展效率和整体形象。

进入 21 世纪，中关村的产业发展逐渐向高新技术产业转型，软件、信息技术、生物医药、新能源等高新技术产业快速崛起。这些产业具有较高的技术含量和附加值，成为中关村产业发展的新动力。随着国家对科技创新的重视和支持,中关村吸引了大量的创新型企业和创业团队。百度、小米、美团等知名企业在这一时期快速发展,成为中关村的代表性企业,也为中关村的产业发展带来了新的活力和创新氛围。为了满足产业发展和人口增长的需求,中关村地区的城市功能不断完善。建设了更多的商业中心、购物中心、餐饮娱乐等配套设施,提高了居民的生活便利性。教育、医疗等公共服务设施也不断改善,为产业发展提供了更好的人才支持和保障。同时,政府开始加强对中关村地区的城市规划,制定了一系列的规划方案和政策,对中关村的产业布局、空间布局、功能分区等进行优化和调整,提高了城市的空间利用效率和产业发展的协同性。产业与城市的融合模式更加多样化,除了传统的产业带动城市发展模式外,城市的发展也开始反哺产业(见表2-10)。

表2-10 中关村产城融合的基础设施与公共服务

基础设施类型	项目名称	功能描述
交通设施	中关村地铁站、五道口地铁站等	方便通达科技园区与周边居住区,快速接入市区
教育资源	清华大学、北京大学等	科技创新支持,提供丰富的人才资源
医疗服务	中关村医院、北京市医院	提供高质量的医疗服务,保障居民生活质量
商业设施	五道口商业区、鼎好电子商城等	提供商业和社交空间,满足居民的日常需求

在转型优化阶段,中关村的产业发展进一步向高端化、智能化方向转型,人工智能、大数据、云计算、区块链等新兴技术产业成为发展的重点。这些产业不仅具有较高的技术含量和附加值,还具有较强的创新能力和市场竞争力,推动了中关村产业的升级和创新发展。产业生态系统也不断完善,包括企业、高校、科研机构、金融机构、中介服务机构等主体之间的紧密合作和协同创新。企业之间的合作更加频繁,产学研合作不断深化,金融机构为产业发展提供了强有力的资金支持,中介服务机构为企业提供了全方位的服务。随着科技的发展,中关村地区的城市功能也更加智慧化。建设了智能交通、智能电网、智能安防等智慧城市基础设施,提高

了城市的管理效率和服务水平。同时，推动了智慧医疗、智慧教育、智慧社区等智慧化应用场景的建设，为居民提供了更加便捷、高效的生活服务（见图2-3）。产业与城市的融合更加深入，产业发展与城市建设紧密结合，形成了"产城人"融合发展的新模式。城市的发展为产业提供了更好的创新环境和生活环境，产业的发展也为城市带来了更多的就业机会和经济增长，实现了产业与城市的良性互动和共同发展。

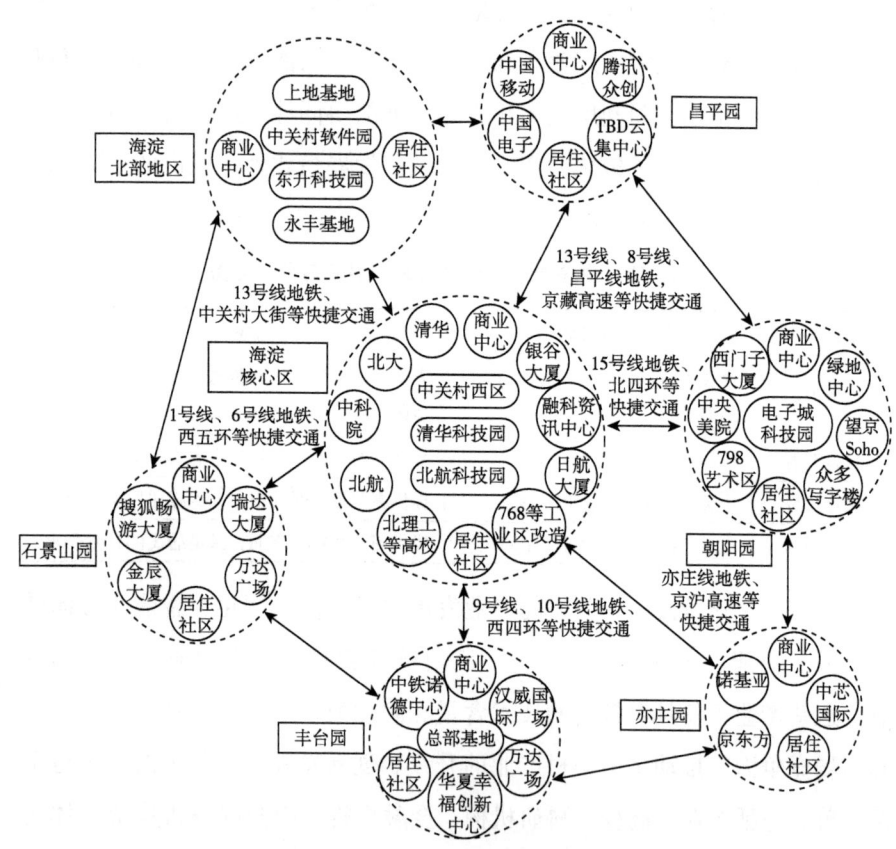

图2-3 生产要素驱动的中关村科技园区智慧产业集群集聚模式

[资料来源：苏文松，郭雨臣，苑丁波，等. 中关村科技园区智慧产业集群的演化过程、动力因素和集聚模式 [J]. 地理科学进展, 2020, 39 (9)：1485-1497]

三、江西省景德镇陶阳里

景德镇陶阳里历史城区以传统陶瓷制造业为主，且多为小规模、分散式的手工作坊，生产效率较低，缺乏规模效应和产业协同。此外，与陶瓷相关的配套产业如包装、物流等发展相对滞后，未形成完整的产业链。城市功能主要围绕居民的基本生活需求展开，基础设施建设相对薄弱，道路狭窄、交通拥堵，公共服务设施如学校、医院、商场等分布不均且数量不足。城区空间布局混乱，功能分区不明确，居住与生产区域混杂，导致居住环境较差，也不利于产业的规模化发展。在起步阶段，产业与城市之间的融合程度较低。产业发展未能有效带动城市功能的完善和空间的优化，城市的基础设施和公共服务无法满足产业升级的需求，导致城市发展动力不足，经济增长缓慢。

随着陶阳里历史城区保护更新项目的推进，陶瓷产业逐渐向规模化、专业化方向发展，吸引了一批陶瓷企业和相关配套企业的入驻，形成了一定的产业聚集效应。同时，陶阳里开始注重陶瓷文化创意产业的培育，将传统陶瓷制作工艺与现代设计理念相结合，推出了一系列具有文化内涵和艺术价值的陶瓷产品，推动了产业的转型升级。为了满足产业发展和居民生活的需求，城市空间快速拓展。一方面，对老城区的老旧建筑和闲置土地进行改造和再开发，建设了一批陶瓷文化创意产业园、工作室等产业载体，为企业提供了良好的发展空间；另一方面，加大了基础设施建设的投入，改善了道路交通、水电供应等，新建了一批学校、医院、商场等公共服务设施，提升了城市的承载能力。在这一阶段，产业与城市之间的互动逐渐增强。产业的发展带动了人口的集聚和就业机会的增加，促进了城市的繁荣；而城市功能的完善和环境的优化，又吸引了更多的人才和企业入驻，进一步推动了产业的发展，形成了产城良性互动的局面。陶阳里历史文化街区的打造不仅传承和弘扬了陶瓷文化，还吸引了大量游客前来观光旅游，带动了周边商业、餐饮、住宿等服务业的发展，为城市经济注入了新的活力。

进入转型优化阶段后，陶阳里历史城区保护更新项目产业结构更加多元化，除了传统陶瓷产业和文化创意产业外，还积极拓展旅游、休闲、会展、电商等新兴产业领域，形成了多产业协同发展的格局。同时，注重科技创新在产业中的应用，推动陶瓷生产工艺的智能化改造，提高生产效率和产品质量；加强与高校、科研机构的合作，建立了一批陶瓷研发中心和创新平台，为产业发展提供了技术支持和创新动力。城市建设方面更加注重城市品质的提升和功能的优化，从单纯的物质空间改造向社会、文化、生态等综合环境的塑造转变。加强了对历史文化遗产的保护和传承，修缮了一批古建筑、古窑址等，打造了具有地域特色和文化底蕴的城市景观。同时，推进了生态环境的治理和修复，增加了城市绿地和公共空间，改善了居民的生活环境。陶阳里历史城区通过举办各类陶瓷文化节、艺术展览、旅游推介会等活动，将陶瓷文化与旅游、会展等产业有机结合，不仅提升了城市的知名度和影响力，还带动了相关产业的发展，实现了产城融合的可持续发展（见表2-11）。

表2-11 陶阳里产城融合的影响

影响方面	具体表现
经济增长	2023年，陶阳里历史文化街区游客总计442万人次，旅游收入达到1.679亿元。 带动了周边如酒店、餐饮、文创等相关产业的发展，催生了新的经济增长点。
产业结构优化	实现了老城区改造向文化创意产业、旅游服务业的成功转型，推动了第三产业的发展，如御窑厂国家考古遗址公园、御窑博物馆等文化场所的建设，丰富了文化旅游产业的内涵。 促进了陶瓷文化与现代创意、科技的融合，提升了陶瓷产业的附加值。
就业机会增加	景区内的各类业态为当地居民提供了丰富的就业岗位，如景区运营、酒店服务、餐饮服务等，直接或间接带动了大量就业，仅九集小镇就为3000多人提供了就业岗位。

续表

影响方面	具体表现
城市形象提升	作为城市更新的成功样本,提升了景德镇的城市知名度和美誉度,增强了城市的吸引力和竞争力,有助于吸引更多的人才和投资。 入选2023年全国城市更新典型案例,为其他城市的产城融合发展提供了借鉴和参考。
消费升级	入选国家级夜间文化和旅游消费集聚区,推动了景德镇夜间文化和旅游消费提档升级,促进了夜间的观光、文娱、美食、购物等消费业态的繁荣。 满足了人们日益增长的美好生活需要,提高了居民的生活品质和幸福感。
文化传承与创新	对陶瓷文化的传承和保护起到了积极作用,保留了大量的历史文化遗迹和非物质文化遗产,如徐家窑的复烧,延续和弘扬了传统柴窑的陶瓷烧制技艺。 文化创意和旅游开发让千年陶瓷文化在现代社会中焕发出新的活力,实现了文化价值与经济价值的有机统一。

资料来源:新浪财经新闻,http://finance.sina.com.cn/jjxw/2014-11-21/doc-incwuxcs1497479.shtml。

四、深圳前海自贸区

深圳前海自贸区在起步阶段,产业定位明确但发展基础薄弱。从金融产业看,大多是一些小型金融机构或金融服务类企业初步入驻,尚未形成规模效应和完善的金融生态体系。现代物流产业也处于起步阶段,物流设施和网络有待完善,信息服务产业则处于技术和人才的初步积累阶段。产业之间的协同效应尚未发挥,各产业板块相对独立发展,缺乏深度的业务交叉和资源共享,导致整体产业效率不高,对经济的带动作用有限。城市建设方面,道路网络稀疏,公共交通线路覆盖不足,与周边区域的交通连接不够顺畅,给人员和物资的流通带来阻碍。公共服务设施欠缺,周边可供居住的房源有限且配套不完善,商业设施不足,教育、医疗资源匮乏,难以满足未来大量人口涌入的需求,城市功能亟待完善。这一阶段深圳前海自贸区的产城融合程度很低,产业发展规划与城市建设规划的衔接不够紧密。

在快速发展阶段，大量国内外知名金融企业纷纷入驻前海自贸区，金融产业规模迅速扩大，跨境人民币贷款等业务逐渐开展，金融市场活跃度大幅提升。现代物流产业借助优越的地理位置和政策优势，建设了先进的物流基础设施，吸引了众多物流企业集聚，形成了高效的物流配送网络。信息服务产业也迎来了高速发展，一批科技企业和创新型企业在此扎根，推动了大数据、云计算等新技术的应用和发展。主导产业逐渐明晰且发挥出强大的带动作用，金融产业作为核心产业，引领了现代物流和信息服务产业的协同发展。但产业快速发展也带来了一些问题，如土地资源紧张，产业发展空间受限，不同产业对资源的竞争加剧等。城市建设方面，交通网络日益完善，地铁线路延伸至此，道路拓宽且增加了与周边区域的连接通道，交通便利性大大提高。同时，城市建设注重打造现代化的商务办公环境，建设了一批高标准的写字楼和商务综合体，为企业提供了优质的办公空间。公共服务设施建设加速，周边新建了大量的住宅项目，满足了部分人才的居住需求，商业氛围日益浓厚，购物中心、餐饮娱乐等设施不断涌现。逐步引入和完善教育和医疗资源，提升了城市的生活品质和服务水平。产业与城市建设之间的互动显著增强，形成了良好的产城互动局面。产业的发展吸引了大量高素质人才，促进了城市人口的增长和消费的繁荣，推动了城市公共服务设施和商业设施的建设。城市建设的完善又为产业发展提供了更好的环境和条件，优质的办公空间和居住环境有利于企业吸引和留住人才，便捷的交通和完善的基础设施保障了产业运营的高效性，进一步推动了产业的发展壮大（见图2-4）。

在转型优化阶段前海自贸区更加注重产业质量和创新驱动。金融产业持续创新，向国际化、多元化方向发展，积极参与全球金融市场竞争，加强与国际金融中心的合作与交流，如与中国香港金融市场的深度融合，开展更多跨境金融业务创新试点。现代物流产业朝着智能化、绿色化转型，利用物联网、人工智能等技术提升物流效率和环保水平，打造全球供应链

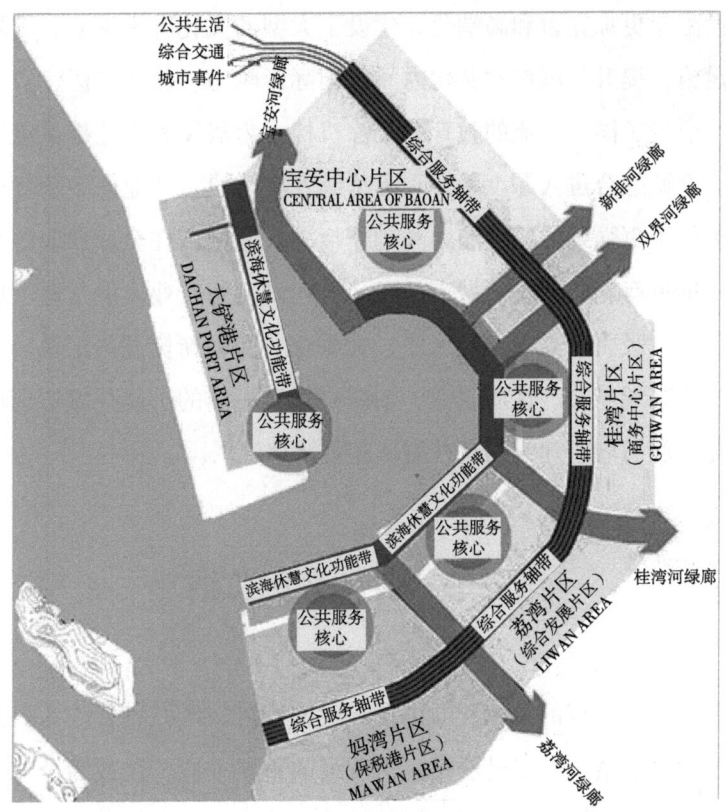

图 2-4 前海自贸区发展规划

（资料来源：前海百科）

核心枢纽。信息服务产业加速创新升级，聚焦金融科技、智慧物流等领域的应用开发，培育了一批具有高附加值的新兴业态。产业发展更加注重协同创新和绿色可持续发展，不同产业之间通过技术融合、业务创新等方式创造出更多新的经济增长点，同时积极践行绿色发展理念，减少产业发展对环境的影响。城市建设方面更加关注居民的生活品质和幸福感。在居住功能建设方面，不仅注重房屋数量的增加，而且强调居住环境的优化，打造了一批绿色、智能的高品质住宅小区。环境优化力度加大，建设了更多的城市公园、滨水景观带等生态空间，提升了城市的生态品质和宜居性。

公共建设配套更加完善和高端化，建设了大型的文化艺术中心、国际会议中心等设施，提升了城市的文化内涵和国际影响力。教育和医疗资源进一步升级，引进了国际一流的教育和医疗机构，为居民和人才提供优质的公共服务。产城融合进入深度融合和可持续发展阶段。产业的转型优化为城市发展提供了更强劲的经济动力和创新活力，使城市在全球产业链和城市竞争中占据更有利的位置。城市的高品质建设又为产业发展营造了更具吸引力的环境，吸引了更多高端人才、优质企业和创新资源的汇聚。前海自贸区成为集高端产业、优质生活、创新生态于一体的国际化城市区域，实现了产业发展与城市建设的良性循环和可持续发展。

第三节 典型案例总结

随着全球化进程的加速和城市化步伐的推进，产城融合作为提升城市经济、优化产业结构、提升居民生活质量的重要手段，已成为全球多个国家和地区推动可持续发展与城市更新的核心战略之一。从美国硅谷的科技产业园区到日本筑波科学城的高新技术集聚，再到北九州市的生态产业园区，各国在产城融合的实践中取得了不同程度的成功。通过对多个典型案例的分析，总结不同国家在产城融合背景下城市更新过程中展现出的独特优势和经验，比较它们的异同之处。

一、国外案例总结

美国硅谷作为全球科技创新的代表，汇聚了世界顶尖的科技企业和科研机构，形成了强大的科技创新驱动力。硅谷的产城融合特色在于高度集中的科技创新产业与周边城市的功能配套之间的完美融合，科技园区不仅提供创新资源，也为居民创造了丰富的生活条件。这种"产城融合"的模式注重科技驱动和城市功能的无缝对接,提供了一个可持续的产业生态系统。格林威治对冲基金小镇通过对金融服务体系和配套设施建设的高度重视,实现了产业发展与城市品质提升的有机结合。这里的产城融合不仅体现在产业与生活功能的融合,还包括高端金融产业与优质城市服务的匹配,形成了具有国际竞争力的产业集群。

德国的鲁尔区经历了长期的结构转型,从传统重工业向现代服务业与高端制造业转变,成功实现了从污染的工业城市向绿色可持续发展的现代城市的过渡。斯图加特则通过建设完整的汽车产业链与城市配套服务,吸引了大量产业人才,形成了竞争力强的产业集群。这两者的成功经验表明,产城融合不仅依赖于产业集聚,还要注重产业转型与生态环境的平衡。

日本筑波科学城通过将科研机构、高校、企业和生活区域有机结合,打造了一个以科技创新为核心的产城融合典范。北九州市则通过产业协同与资源共享,形成循环经济产业链,在实现经济效益的同时,也实现了环境效益,体现了人与自然的和谐共生。

新加坡裕廊工业园通过多元化的产业布局与强大的产业协同机制,配备了全面的基础设施与公共服务,成为全球产城融合的标杆。其成功经验在于将产业、城市和生态系统高度统一,为全球产业园区提供了可借鉴的模式。

二、国内案例总结

苏州工业园区通过发展电子信息、机械制造等先进制造业,并辅以金融、物流、商务办公等现代服务业,成功地将外向型经济与现代制造业结合,并与城市配套设施实现深度融合。

北京中关村是中国科技创新的核心区域,汇聚了大量的高新技术企业和科研机构。中关村的产城融合模式着重在科技产业与城市基础设施的结合,特别是在信息技术、生物医药、人工智能等领域的创新发展,同时通过优化城市服务提升了居民的生活质量。

江西景德镇陶阳里作为历史悠久的瓷都，在产城融合中将传统产业与现代文化、旅游产业相结合，发展陶瓷文化产业，并提升城市景观与生态环境。其突出文化与产业的融合，通过历史文化的传承和产业的现代化提升城市品牌形象。

深圳前海自贸区作为中国金融开放和现代服务业创新发展的高地，在产城融合的实践中，注重金融、现代物流、科技服务等高端现代服务业的集聚，同时提升城市基础设施，推进智能化和绿色发展。

三、国内外产城融合的异同

国内外产城融合相同之处在于：（1）产业与城市功能深度融合。无论是国外的硅谷、斯图加特，还是国内的中关村、苏州工业园，都强调产业与城市功能的有机融合，特别是在科技产业、高端制造和现代服务业领域。（2）创新驱动与城市发展并行。国外案例中的硅谷、裕廊园区等注重创新驱动，而国内案例中的中关村、前海自贸区也依靠科技创新和金融创新推动经济发展。（3）基础设施建设同步推进。无论是在德国鲁尔区的基础设施改造，还是中国苏州工业园、深圳前海自贸区的交通与生活配套建设，都将基础设施的完善与产业集聚紧密结合。

国内外产城融合不同之处在于：（1）产业转型与历史背景。国外的鲁尔区经历了长期的产业转型，从传统重工业向高端制造业转变，而国内的景德镇陶阳里则更多地通过文化产业与传统产业的结合来进行产城融合。（2）生态与可持续发展。国外的北九州市生态产业园区强调资源循环与环境保护，体现了更加突出的绿色发展理念，而国内的案例虽然在绿色发展上有所注重，但整体上仍以经济发展和产业集聚为主要目标。（3）城市服务与创新环境的搭建。如格林威治对冲基金小镇和裕廊工业园区等，更加强调金融、商业、文化等城市服务与创新产业的深度融合，而国内的城市创新功能更多集中在科技和高端制造领域。

四、结论

尽管国外的成功经验为我国提供了宝贵的借鉴，但我国的产城融合城市更新必须结合自身的国情和发展阶段，不能单纯照搬。我国在产业结构、发展阶段、历史背景、社会需求等方面与发达国家有很大的差异，因此需要：(1) 注重创新驱动与文化传承的结合。我国的产城融合应注重在科技创新和传统产业结合方面进行探索，例如景德镇陶阳里以文化产业为核心的模式。(2) 强化生态文明与绿色发展。在推动产城融合的同时，必须更加重视生态和环境保护，推动绿色产业和可持续发展，借鉴北九州市生态园区的绿色发展经验。(3) 促进服务型经济的发展。我国的产城融合要加强服务型经济的培育，尤其是在金融、信息服务、文化创意产业等方面，推动高端服务业的集聚与发展。(4) 加大政策创新与区域协调。要在区域规划、政策引导和城市治理方面进行创新，尤其是结合地方特色制定差异化的发展战略，确保产城融合的可持续性。

第三章　产城融合背景下经开区城市更新模式

城市更新是对城市建成区空间形态和功能的持续完善和优化调整，是一种小规模、渐进式、可持续的更新。北京经开区是北京市唯一的国家级经开区，对北京市的经济发展起到了重要的推动作用，不仅是北京市改革开放的窗口和经济建设的前沿阵地，还承担引导产业聚集的重要任务。在产城融合背景下，北京经开区的城市更新模式具有鲜明的特色和显著的成效，走出了"经开区模式"。

第一节　北京经开区城市更新的目标设立

为落实《北京市人民政府关于实施城市更新行动的指导意见》和《北京市城市更新行动计划（2021—2025年）》要求，依据《北京市城市更新条例》《亦庄新城城市更新实施办法》《亦庄新城工业用地（类）项目城市更新实施细则（试行）》等文件精神，北京经开区设立了城市更新的目标，如图3-1所示。

一、总体目标：支撑"两区"建设

国家服务业扩大开放综合示范区、中国（北京）自由贸易试验区（以

第三章 产城融合背景下经开区城市更新模式

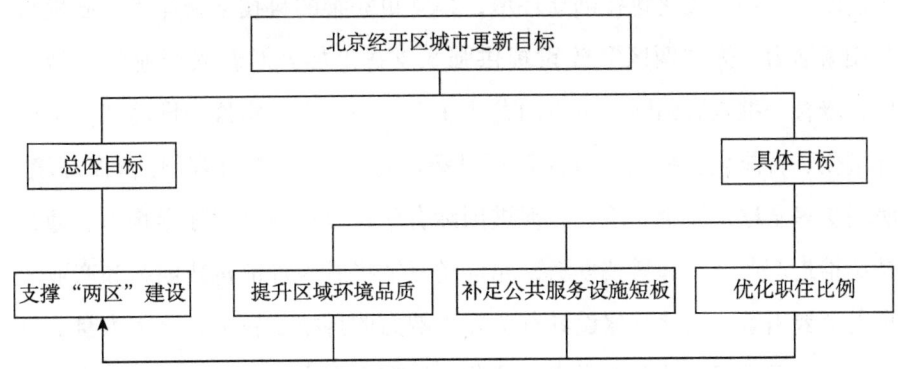

图 3-1 北京经开区城市更新目标示意

下简称"两区")建设是习近平总书记亲自部署的重大开放举措,是北京服务融入新发展格局"五子联动"的重大举措。[①]

(一) 以优化产业发展格局提升"两区"经济竞争力

通过城市更新,推动传统产业升级改造,吸引新兴产业入驻,形成高端化、集群化、绿色化的产业发展格局,提升区域的经济竞争力。北京经开区作为城市副中心的重要组成部分,肩负着推动首都科技创新和产业升级的重任。北京经开区紧紧围绕"两区"建设目标,以产业升级为核心,不断优化产业结构、强化科技创新,积极打造具有国际竞争力的科技创新高地。优化产业结构,重点发展新一代信息技术、医药健康、高端装备制造等战略性新兴产业,推动产业链向高端化、智能化、绿色化方向转型升级;建立完善的科技创新体系,吸引全球高端人才和科研机构集聚,形成国际一流的科技创新中心;加强科技成果转化,建立健全科技成果转化机制,促进科技创新成果快速转化为现实生产力。

以产业升级提高产业发展"高度"。北京经开区将继续坚持创新驱动发展战略,积极打造具有国际影响力的科技创新高地。深化科技创新体制

[①] 赵雪松. "五子"联动推进北京融入新发展格局 [J]. 前线,2021 (7): 66-68.

机制改革，持续优化科技创新环境，建立更完善的科技创新体系，激发科技创新活力，为"两区"建设提供强大支撑。加大对新兴产业的扶持力度，培育一批具有国际竞争力的龙头企业，形成产业集群，推动产业链向高端化、智能化、绿色化方向转型升级。打造更开放的国际化营商环境，吸引更多全球优质企业落户，促进国际合作，提升城市国际影响力。通过持续推进产业升级和科技创新，北京经开区将成为首都科技创新和产业发展的重要引擎，为北京建设具有全球影响力的科技创新中心贡献力量。推进产业转型升级，提升人居环境品质，培育具有高科技引领性、高竞争力的电子信息制造产业集群，保障中关村（亦庄）国际机器人产业园企业入驻，推动北神树公园建设，统筹村庄搬迁安置，提供优质居住空间，补足教育、医疗设施，实现15分钟社区配套服务全覆盖。

以科技创新拉长产业发展"长度"。北京经开区不断完善科技创新体系，打造创新创业生态，为科技创新提供肥沃的土壤。建立了北京亦庄科技创新中心、北京经开区科技创新服务中心等一批科技创新平台，为科技创新提供孵化、培育、加速等服务。积极引进海外高层次人才和团队，建立健全人才激励机制，吸引更多科技人才落户，为科技创新提供源源不断的智力支撑。建立科技成果转化机制，促进科技成果快速转化为现实生产力，推动科技创新与产业发展深度融合。北京经开区积极融入全球创新网络，打造开放合作平台，吸纳全球创新资源，提升国际影响力。加强国际交流合作，积极参与国际科技合作，与国外知名科研机构、大学建立合作关系，共同开展科技研发和成果转化，促进科技成果国际化。吸引外资企业落户，营造良好的营商环境，吸引更多外资企业落户，促进产业链国际化，提升产业国际竞争力。建立国际化平台，打造国际化的科技创新平台，吸引国际顶尖科技人才和企业参与，推动科技成果国际化应用。

以产业向"新"增加产业发展"厚度"。北京经开区坚持高端化、智能化、绿色化发展方向，聚焦新一代信息技术、医药健康、高端装备制造等战略性新兴产业,着力构建现代产业体系。积极发展人工智能、大数据、云计算、物联网、5G等新一代信息技术,打造数字经济发展高地,吸引了一批全球领先的科技企业如百度、京东、小米等落户,构建了完整的产业链条,为首都数字经济发展提供重要支撑。发展生物医药、医疗器械、健康服务等领域,打造全国领先的医药健康产业集聚区,吸引了众多国内外知名医药企业如药明康德、百济神州等落户,同时加强与高校院所合作,促进医药健康产业创新发展,为首都医药健康产业发展注入新的活力。发展高端装备制造,发展航空航天、新能源汽车、机器人等领域,打造高端装备制造产业集群,吸引了一批拥有核心技术的机构,如北京航空航天大学、中国商飞等落户,不断提升高端装备制造业的创新能力和竞争力,为"两区"高端装备制造产业发展提供有力支撑。

(二)优化城市空间布局推动"两区"持续发展

通过城市更新优化空间布局,织补城市功能,提升城市品质,增强发展活力,进一步推动北京经开区高质量发展,打造全球产业新城综合发展标杆,促进"两区"建设可持续发展。

以产城融合推进织补城市功能。2024年北京经开区重点推进2处老旧厂房改造,实施10个低效产业园更新改造重点项目,完成3个商圈改造提升工作。其中,既有星海产业园、海尔智造·未来创新中心、京蒙(亦庄·赤峰)科创产业园等低效产业园的更新改造,也有对城乡世纪广场等传统商业设施的提升。产业向"新",以新提质;城市更新,向"新"而兴,新质生产力发展与城市高质量发展是一场双向奔赴。汇聚了来自全球62个国家和地区的9万余个中外市场主体的北京亦庄有得天独厚的产业聚集优势,而城市更新助推了区域的产业焕新,为产业强市注入了新活力。在规划阶段,充分考虑产业与城市发展的需求和特点,将产业规划与城市规划有机结合。通过科学合理的规划布局,促进产业用地与居住、商业、文化等用地的深度融合与协同发展,构建一个功能完善、活力四射的综合新城。根据北京经开区的产业特色和发展需求，对相关产业用地集中布局，形成产业集聚区。鼓励在同一区域内实现多种功能的混合布局，例如"产城人文"四位一体的开发模式，通过科学合理的规划布局、多元功能的融合发展、交通与基础设施的支撑以及政策引导与支持等措施的共同作用，推动北京经开区实现产业用地与居住、商业、文化等用地的协同发展。

以绿色发展推进提升城市品质。加快打造世界一流产城融合的综合新城、宜业宜居的绿色城区，改善生态环境质量，应对气候变化，实施减污降碳协同增效发展战略，优化北京经开区人居环境，提高城市生活品质。加大对新能源、节能环保、循环经济等绿色产业的支持力度，推动产业结构向低碳、环保方向转型。鼓励企业加大研发投入，推动绿色技术、低碳技术的研发与应用，提高产业附加值和市场竞争力。严格保护北京经开区内的自然生态系统和生物多样性，划定并严守生态保护红线。加大空气、水、土壤等环境污染治理力度，减少污染物排放，提高生态环境质量。对受损的生态系统进行湿地恢复、山体绿化等修复和重建，提升城市生态服务功能。明确北京经开区碳达峰、碳中和的时间表和路线图，推动能源结构转型和清洁能源应用。将污染控制与碳减排相结合，通过优化能源结构、提高能效、推广清洁能源等措施，实现污染减排和碳减排的双重目标。通过推动绿色低碳产业发展、实施生态修复与环境治理、应对气候变化与减污降碳、优化人居环境、强化政策引导与支持以及实施国际合作与交流等措施，加快打造世界一流产城融合的新城、宜业宜居的绿色城区，提高城市生活品质，为居民创造更加美好的生活环境。

以圈层引导增强城市发展活力。通过高质量落实城市总体规划、分区规划和控制性详细规划，强化规划引导、分类管控、总量平衡，统筹推进北京经开区城市更新，保障产业发展，增强城市发展活力。高质量落实多层次规划体系，明确北京经开区的发展定位、空间布局、产业发展方向等战略性议题，为分区规划和详细规划提供基础。根据城市总体规划，将北京经开区划分为产业区、居住区、商业区、生态区等不同的功能区域，并明确各区域的发展目标和空间管制要求。在分区规划的基础上，进一步细化地块用途、容积率、建筑高度、绿地率等控制指标，为城市更新和项目开发提供具体指导。基于空间层次和功能分区的规划策略，通过科学合理的规划布局和有效的管理控制，推动城市更新与产业升级，进而增强城市的整体发展活力和竞争力。结合北京经开区的发展现状和未来需求，确定城市更新的老旧工业区改造、低效用地再开发等重点区域和项目。鼓励采用政府引导、市场运作、公众参与等多种模式推进城市更新，激发市场活力和社会创造力。制定和完善土地、财政、税收等方面的配套政策，为城市更新提供有力支持。根据北京经开区的产业特色和优势，合理布局产业链上下游企业，形成产业集聚效应和协同效应。通过规划手段引导资源要素向重点发展区域和新兴产业集聚，促进产业结构优化升级和城市功能完善。针对不同功能区域和地块类型，实施差异化的管控措施，确保城市发展符合规划要求，避免无序开发和资源浪费。在保障城市发展的同时，注重生态环境保护和资源节约利用，实现经济、社会、环境的协调发展。

二、具体目标：优化职住比例

目前，北京经开区面临较为突出的职住比例失衡问题，主要表现在两个方面。其一，产业集聚，人口快速增长，随着"两区"建设的推进，经开区吸引了大量企业和人才落户，产业快速发展，人口规模不断增长，对居住需求不断增加；同时，出于历史原因，北京经开区住宅供应相对不足，难以满足日益增长的居住需求。其二，交通出行压力大，职住比例失衡导致上下班高峰期交通拥堵，出行效率低下，影响了人们的生活质量和工作效率。基于此，以问题为导向，通过持续推进城市更新，从提高住宅供应量、优化交通体系质效两个维度来实现优化职住比例的目标，将北京经开区打造成为更加宜居宜业的现代化新城，为首都"两区"建设提供更加坚实的保障。

（一）提高住宅供应量优化北京经开区职住比例

北京经开区通过城市更新项目，采用"自住""租住""共住"三种住宅供应模式，优化北京经开区的职住比例。

以"自住"住宅供应模式优化北京经开区的职住比例。所谓"自住"，指通过直接或间接增加住宅供应量，提供给不同人群购买居住。一是直接增加住宅供应量，加快土地供应节奏，特别是增加居住用地比例，通过增加住宅用地供应，规划建设更多高品质住宅项目，满足不同人群的居住需求，从而提高住宅的总体供应量；二是间接增加住宅供应量，推动老旧小区改造和危旧楼房更新，释放存量住宅资源，如通过《经开区城市更新产业升级规划》改造的老旧小区生活空间，释放部分住宅资源，改善居住条件，间接优化职住比例。

以"租住"住宅供应模式优化北京经开区的职住比例。所谓"租住"，指通过增加租赁住宅供应量，供人才、新市民等人群租赁居住。"租住"住宅供应模式通过增加租赁住房供给，满足了人才和新市民的居住需求，为区域内经济协调发展提供了有力支撑。政府在推行过程中，应加强市场监管，确保租赁市场健康发展，并引导社会资本参与，实现租赁住房的可持续发展。一方面，鼓励开发商建设租赁住房，增加租赁房源供给，解决人才住房难题。高昂的房价使许多年轻人才难以在区域内购房，通过政策引导和经济激励，增加租赁房源供给，不仅能解决他们的居住问题，还能帮助企业留住关键的创新力量。另一方面，鼓励开发商建设中小户型等住宅产品，如青年公寓等，为新市民提供经济适用的廉租房。这些灵活、经济的住房选择，能有效满足新市民的需求，降低生活成本，增强他们在区域内的归属感和工作稳定性。"租住"模式通过提供更接近工作地点的住房选择，减少通勤时间和交通压力，提升居民生活质量。

以"共住"住宅供应模式优化经开区的职住比例。所谓"共住",指通过共享住房、共有产权房等,探索新型居住模式。以"共住"住宅供应模式为核心,通过共享住房和共有产权房等新型居住模式,可以有效提升住房效率,降低居住成本,为区域内的居民提供更多元化的住房选择。一方面,鼓励开发商建设共享住房、共有产权房等多元化住宅产品。这种模式尤其适合年轻人才和初入职场的新市民,帮助他们减轻经济压力,同时促进社区内的社交互动,增强区域的活力和凝聚力。另一方面,政府在政策层面上支持开发商建设更多此类住宅产品,通过激励机制和资金扶持,确保"共住"模式的推广与落实。同时,通过政府与居民共同持有产权,降低购房门槛,使更多中低收入人群能够在北京经开区内实现安居。

(二)优化交通体系质效,优化北京经开区职住比例

北京经开区通过城市更新项目,从提升交通效率、提升交通质量两个方面优化交通体系,吸引更多人选择在北京经开区居住。

以提升交通效率优化职住比例。在北京经开区城市更新与产城融合过程中,通过完善交通网络,包括道路和公共交通基础设施的建设和升级,能够显著提高交通体系的运行效率,进而优化区域内的职住关系。其一,交通网络的完善是优化职住比例的基础。对北京经开区交通运行特征进行全面调查和分析,制定针对性的策略。通过城市更新项目,加强道路建设和优化公共交通网络的布局,尤其是加快轨道交通建设,能够有效缩短通勤时间,提升区域内的交通效率。如完善地铁线路和公交系统的衔接,增加高峰时段的运力,确保居民能够快速、便捷地往返于居住地和工作地点。其二,轨道交通场站及其周边区域的一体化更新是实现交通与城市功能协调发展的重要举措。通过推动场站用地的综合利用,可以将轨道交通与城市更新有机结合,带动场站周边的商业、办公、居住等功能融合。如在场站附近引入多功能建筑体,提供商业服务、办公空间和住宅配套,不

仅提升土地利用效率，而且为居民的生活和工作提供便利。

以提升交通质量优化职住比例。在优化北京经开区职住比例过程中，提升交通质量是一项关键举措，通过推进交通基础设施的智能化建设和交通管理的优化，不仅能够缓解交通拥堵，改善居民的出行条件，还能为区域的可持续发展注入新的动力。其一，智能化交通基础设施的建设是提升交通质量的核心。通过引入智能交通系统，如实时交通监控、智能信号灯、车道管理等技术手段，可以有效优化交通流量分配，缓解高峰时段特定区域的拥堵问题。这不仅可以提高道路的通行效率，还为居民提供更为便捷和顺畅的出行体验。同时，智能化交通管理系统的应用也为城市的精细化治理提供了数据支持，有助于制定更加科学合理的交通政策。其二，发展绿色出行体系是提升交通质量的一个重要方向。鼓励居民选择公共交通、自行车等绿色出行方式，不仅有助于缓解交通压力，还能降低区域内的交通污染，改善空气质量。例如，在北京经开区内建设完善的自行车道和步行街区，并增加共享单车和电动汽车的投放数量，为居民提供多样化的绿色出行选择。此外，优化公共交通网络，提升公交车、地铁等公共交通工具的服务质量和便捷性，将大幅减少私家车的使用频率，从而打造一个更加环保、宜居的城市环境。通过智能化和绿色出行体系的双重推动，交通质量的提升不仅能有效优化职住比例，还能改善整体城市环境，增强居民的幸福感和生活质量，助力北京经开区的长远发展。

三、具体目标：补足公共服务设施短板

北京经开区作为北京城市副中心的重要组成部分，在产业发展和科技创新方面取得了显著成就，但其公共服务设施相对滞后，难以满足快速增长的城市人口需求。为了解决这一问题，北京经开区城市更新将"补足公共服务设施短板"作为重要目标，致力于打造更加完善的公共服务体系，

提升城市宜居水平。党的二十大报告提出，"实施城市更新行动，加强城市基础设施建设，打造宜居、韧性、智慧城市"[①]。在党的二十大精神指导下，北京经开区以宜居城市、韧性城市、智慧城市为导向，补足公共服务设施短板。

（一）以宜居城市为导向补足公共服务设施短板

北京经开区通过城市更新项目，提升居住区的绿化建设、社区服务、居住条件等，使居住环境更加宜居。

加强城市绿化建设，提升公共空间品质，打造宜居生活环境。推动绿色发展，坚持绿色发展理念，在城市更新中融入绿色生态元素，提升居住区的生态环境质量，进一步增强居民的居住满意度和幸福感。通过公共空间和绿色空间的建设，提升区域环境品质，提升居民的生活质量和幸福感。一方面，推进绿色空间建设，如马驹桥智造基地环境提升项目，增加林肯B区、X91等居住区绿化提升改造工程，提升区域绿化水平。建设口袋公园和小微公共空间，如完成旧宫东西大街（德贤路—凉水河）周边提升改造项目等，为居民提供更多休闲场所。另一方面，优化公共空间布局，完善配套设施，提升公共服务功能。通过体育公园和校舍的更新改造，提升区域文体设施和教育设施水平，丰富居民的文化体育活动，改善教育环境。改扩建南海子公园（二期）体育休闲园区工程等3个体育公园，重点实施北京亦庄实验小学等8个校舍更新改造，推进"一刻钟便民生活圈"覆盖率达57%。

完善社区服务设施，建设更多公共资源，丰富居民生活需求。北京经开区公共服务设施不足，教育资源紧张，随着人口快速增长，优质教育资源相对不足，部分区域存在"择校难"现象；医疗资源不足，医疗服务机构数量有限，优质医疗资源分布不均衡，难以满足居民日益增长的医疗服

---

① 陈润. 以城市更新打造宜居、韧性、智慧城市［J］. 唯实，2024（4）：73-75.

务需求；文化娱乐设施相对不足，难以满足居民日益增长的文化需求，缺乏文化氛围；社区服务中心数量不足，功能不完善，难以满足居民日常生活需求。针对以上问题，从教育资源、医疗资源、文娱资源、服务资源等方面增加社区配套资源，提高社区服务品质。一是增加教育资源投入。从扩大优质教育资源供给、推动教育资源均衡发展、鼓励社会力量参与办学等方面着手，加大优质学校建设力度，新建、改扩建一批中小学，增加优质教育资源供给；优化学校布局，促进优质教育资源向薄弱区域倾斜，缩小教育差距；鼓励民办学校发展，引入优质教育资源，满足多元化教育需求。二是完善医疗服务体系。从加强现有医疗机构建设、加大医疗资源投入、推广互联网医疗等方面着手，引进先进医疗设备，提升医疗服务水平；新建、改扩建一批医疗机构，增加医疗服务供给，提高医疗服务能力；发展远程医疗、移动医疗等服务模式，方便居民就医，提高医疗效率。三是丰富文化娱乐设施。从建设更多文化娱乐设施、鼓励文化创意产业发展等方面着手，建设博物馆、美术馆、图书馆、剧院、影院等文化娱乐设施，丰富居民文化生活；支持文化创意产业发展，打造具有特色的文化品牌，提升城市文化吸引力。四是完善服务体系。从加大社区服务中心建设力度、完善社区服务功能等方面着手，新建和扩建一批社区服务中心，提升社区服务能力；提供更多便民服务如家政服务、养老服务、维修服务等，满足居民日常生活需求。

大力改善居住条件，提升建筑品质，提高居民生活质量。推动重大项目建设以及周边地区更新，在重大项目建设时，应当梳理周边地区功能以及配套设施短板，提出更新改造范围和内容，推动周边地区老旧楼宇与传统商圈、老旧厂房与低效产业园区提质增效，促进公共空间与公共设施品质提升。一方面，推进老旧小区改造，改善居住条件，提升居民生活品质。通过老旧市政基础设施、公共服务设施和公共安全设施的更新改造，提升区域基础设施水平，增强公共服务能力。着力推动老旧市政基础设施的更新,如亦庄镇老旧小区综合整治热力管线改造项目等,涉及水、电、气、热等老旧管线的更新改造。开启荣华北路匝道桥加固工程,推进南区南街等改扩建,完成40个以上路口交通设施优化提升,启动地铁亦庄线沿线人行天桥公共电梯更新改造等工程。实施公共服务设施改造,如启动"清管行动",完成旧宫镇老旧小区雨污水整治项目污水管线改造等。另一方面,提高住宅的环保性能和居住舒适度。加大基础设施建设投入,提升道路、供水、供电、排水、通信等基础设施的承载能力和服务水平,同时,加强学校、医院、文化娱乐设施等公共服务设施建设,以满足居民日益增长的生活需求。补足公共服务设施短板,提升城市宜居水平,完善公共服务体系,提升城市生活品质;促进城市可持续发展,改善居民生活环境;提升城市综合竞争力,吸引更多企业和人才落户,推动区域经济发展。

(二) 以韧性城市为导向补足公共服务设施短板

《中共中央关于制定国民经济和社会发展第十四个五年规划和二〇三五年远景目标的建议》提出建设"韧性城市",按照国际组织倡导地区可持续发展国际理事会的定义,"韧性城市"指城市能够凭自身的能力抵御灾害,减轻灾害损失,并合理地调配资源以从灾害中快速恢复过来。[1] 在当前学术和社会语境下,灾害可以涵盖自然灾害、社会重大影响的事件(如战争)和健康事件(如疫情)等维度。

以消防设施建设补足公共服务设施短板。一方面,完善消防基础设施建设。对现有的消防设施进行全面的排查和升级,确保消防设备的完好率和有效性。加强对老旧小区、商业区、工业区等重点区域的消防设施建设,提升整体消防安全水平。利用现代信息技术手段,建设智慧消防系统,实现消防设施的远程监控和智能调度,通过数据分析和预测,

---

[1] "十四五"新词典"韧性城市"[J]. 智能建筑与智慧城市, 2021 (8): 2.

提前发现潜在的火灾隐患，提高火灾防控能力。另一方面，新建消防站点。为了进一步优化北京经开区消防站点的布局，缩小消防保卫半径，提升应急救援的速度和效率，北京经开区新建了瀛海和长子营两个消防站。其中，瀛海消防站位于京台高速公路西侧，项目用地总面积约为5600平方米，总建筑面积约为3999平方米，设有综合执勤楼、业务附属用房、设备用房、训练塔、训练跑道、消防道路等配套设施。长子营消防站位于长子营产业园区和生活区交界地区的西侧，项目总用地面积约为5600平方米，总建筑面积约为3998平方米，同样配备完善的消防设施和训练场地。两个消防站均按照一级消防站的标准规划建设，确保高水平的消防救援能力。

以防范自然灾害补足公共服务设施短板。北京经开区着重从防涝方面入手，补足公共服务设施短板。在城市更新中，北京经开区已经建成河道大型海绵体、街区中型海绵体、厂区小型海绵体三级海绵体系，实现了降雨时就地消纳、雨后雨洪利用的功能，有效提升了全区的防洪排涝能力，减少了城市内涝的发生。其中，通明湖公园的建设是一个典型案例，该公园通过深挖湖泊、种植水生植物、设置排水系统等措施，有效改善了内涝情况，提升了景观效果，同时，通明湖还具备较大的蓄滞洪量，可以在暴雨时起到调蓄洪水的作用。北京经开区对排水管网进行了全面排查和改造，提升了排水设施的承载能力和排水效率，加强了排水泵站的建设和升级，确保在暴雨天气能够及时排除积水。借助现代信息技术手段，北京经开区建立了智能化的监测与预警系统，通过实时监测气象、水文等信息，可以及时发布预警信息，为防涝工作提供科学依据。

以应对重大事件补足公共服务设施短板。从应对社会重大影响的事件（如战争）、健康（如疫情）等方面入手，补足公共服务设施短板。加强了公共卫生设施的建设和升级，建设了多个急救中心和急救工作站，形成了多点布局的院前急救体系格局，提高了医疗急救服务能力。建设和完善养老院、残疾人康复中心等社会保障设施,确保在重大事件发生时能够为特殊群体提供必要的生活保障和关爱。

(三) 以智慧城市为导向补足公共服务设施短板

北京经开区通过城市更新项目,搭建虚拟城市地理信息服务平台,构建智慧社区、智慧商圈和智慧园区等智慧城市应用场景,提供公共服务能力和基础支撑,补足公共服务设施短板。

以智慧社区优化公共服务设施建设。智慧社区的建设为优化公共服务设施和提升居民生活质量提供了全新路径。一方面,推进社区服务数字化,利用互联网技术,打造智慧社区,为居民提供更加便捷、高效的社区服务。通过推进社区服务数字化,利用互联网技术打造统一的社区服务平台,居民能够便捷地获取在线缴费、预约活动、远程医疗等多种服务,既节省时间成本,又提升社区管理的效率和透明度。另一方面,智慧社区注重居住区的绿化和环境质量,通过合理规划,将绿色空间融入社区布局,打造公园和绿道等生态景观,为居民提供休闲场所,并通过智能节能设施提升社区的可持续发展水平。

以智慧园区优化公共服务设施建设。智慧园区的建设是优化公共服务设施的重要途径,通过推广绿色工业建筑和既有建筑的绿色化改造,北京经开区可以打造具有自身特色的生态、智慧园区。一方面,推动低碳、零碳园区的建设。鼓励绿色工业建筑推广普及,推动既有建筑绿色化改造以及低碳零碳园区建设,打造有经开区特色的生态、智慧园区。另一方面,推进节能减排。依托大数据和5G等数字通信技术,加快新型基础设施建设,提升园区的数字化水平。通过建立"数智平台",实现城市与园区项目的双重数字化赋能,能够促进数据的汇聚共享、融合应用和及时更新,从而为园区的运营管理提供强有力的支撑。

以智慧商圈优化公共服务设施建设。虚拟城市地理信息服务平台通过航飞三维倾斜摄影、地理信息数据采集等工作,汇聚卫星图、二维平面地图和三维立体建模等基础公共地理图层，提供建筑信息模型（BIM）、城市信息模型（CIM）等地理信息公共服务。这不仅用于企业注册地理位置信息比对，还支撑城市运行、综合执法等平台的规划建设，支撑北京经开区打造新型智慧城市标杆。

四、具体目标：提升区域环境品质

以产城融合为核心理念，推动产业发展与城市功能相互促进、共同提升，通过城市更新，打造产业特色鲜明、城市功能完善、生态环境优美的现代化产业新城。北京经开区作为北京城市副中心的重要组成部分，在产业发展和科技创新方面取得了显著成就，但城市环境品质仍有提升空间，表现在：绿化覆盖率较低，公园绿地数量不足，生态环境不够优美；水环境质量有待提升，部分区域水体污染问题较为突出，影响城市生态环境；环境治理不够完善，部分区域存在噪声污染、空气污染等问题，影响居民生活质量。为了解决这些问题，北京经开区城市更新以"提升区域环境品质"作为重要目标，致力于打造绿色生态宜居、宜业新城，促进生活空间改善、生产空间提质增效，提升城市整体形象和居民生活质量。

（一）以生活空间治理改善提升区域环境品质

北京经开区通过城市气候改善、城市声环境改善、城市卫生环境改善，提升城市宜居水平，提升城市生活品质，吸引更多人才落户，促进城市可持续发展。

通过城市气候改善加大生活空间绿化建设力度。为了改善城市气候，扩大生活空间的绿化建设力度显得尤为重要。其一，通过扩大城市绿化面积和增加公园绿地数量，有效提升城市的绿化覆盖率，缓解城市热岛效应，改善空气质量，为居民提供更多休闲场所。其二，打造生态廊道，通过建设贯穿城区的绿色通道，将分散的城市绿地连接起来，形成一个完整的城市生态网络。这不仅提升生物多样性，还促进城市内自然环境的良性循环。其三，鼓励屋顶绿化和垂直绿化的推广，在有限的空间内增加城市绿量，进一步优化城市气候条件。通过这些综合措施，城市将变得更加宜居，为居民提供更加舒适、健康的生活环境，同时也为城市的可持续发展奠定基础。

通过城市声环境的改善加大噪声污染治理力度。改善城市声环境是提升生活质量的关键，通过控制噪声源、优化城市规划、改善交通管理及提升公众意识，可以有效降低噪声污染，改善城市声环境质量，从而提升居民的生活质量和幸福感。其一，控制噪声源是减少噪声污染的核心。通过制定严格的噪声排放标准、推广低噪声技术和设备，例如要求建筑工地使用静音设备、限制施工时间以及对交通工具进行噪声控制改造，可以有效减少噪声源的影响。其二，合理规划和设计城市空间也至关重要。通过优化住宅区与工业区、交通干道的布局，增加绿色植被带作为噪声屏障，可以降低噪声对居民的干扰。其三，优化交通管理，例如改善道路状况、引导交通流量，有助于减少交通噪声。通过宣传教育，提升市民对噪声问题的认识，并定期进行噪声监测与评价，以及对违规行为进行处罚，推动公众自觉遵守噪声控制规定，促进社会各界共同参与噪声治理。

通过城市卫生改善加大城市垃圾污染治理力度。通过一系列有效措施，可以有效减少垃圾污染，改善城市卫生环境，推动资源循环利用，实现城市的可持续发展。推行垃圾分类回收是减少垃圾污染的重要举措，通过科学分类垃圾，可以有效分离可回收物、有害垃圾和厨余垃圾，减少填埋和焚烧带来的环境污染，同时实现资源循环利用。加强垃圾分类设施的建设和管理是推行垃圾分类的基础保障，城市需要建立完善的收集、运输和处理体系，配备足够的分类垃圾桶，并确保各环节无缝衔接。定期维护和更新垃圾处理设施，确保其高效运转，对于减少垃圾污染至关重要。在推动垃圾分类的过程中，提升公众意识同样不可忽视。通过宣传教育，培养市民环保意识和分类习惯，使垃圾分类成为日常生活的一部分。政府还可以通过政策激励和法规约束，鼓励市民积极参与垃圾分类，处罚不按规定分类的行为，从而形成全社会共同参与垃圾治理的氛围。

（二）以生产空间提质增资提升区域环境品质

北京经开区通过水环境质量改善、大气污染治理，提升环境管理水平，改善城市环境质量，促进城市可持续发展，打造绿色生态宜居新城，提升城市整体形象，增强城市竞争力，吸引更多企业和人才落户。

通过水环境质量改善提升区域环境品质。提升区域环境品质需要以水环境质量的改善为核心，通过加强水体治理、推广雨水收集利用和强化水环境监管，有效提升区域环境品质，推动城市的可持续发展。首先，加强水体治理是改善水质、提升水体生态环境的关键。通过实施水体污染治理工程，有效减少工业废水、农业径流和生活污水的排放，恢复水体自净功能，促进水生态系统的平衡与健康。其次，推广雨水收集利用是减少水资源浪费、改善城市水循环系统的重要手段。通过建立雨水收集设施，将雨水储存并加以利用，不仅可以减轻城市排水系统的压力，还能为绿化、清洁等非饮用水需求提供资源，有效缓解城市水资源紧张的状况。此外，加强水环境监管对于维护水环境质量至关重要。通过严格的环境监测和执法，严厉打击各种污染行为，确保水环境的长效保护。

通过大气污染治理提升区域环境品质。综合治理大气污染，不仅能显著提升区域环境品质，还能为城市的可持续发展打下坚实基础。首先，实施大气污染治理工程是控制污染物排放、改善空气质量的核心手段。通过推广清洁能源、加强工业废气处理、优化交通运输结构等措施，可以显著减少二氧化硫、氮氧化物和颗粒物的排放，从源头上减少污染，改善空气质量。其次，提升环境管理水平至关重要。建立完善的环境管理体系和健全的管理制度，有助于规范各类不环保行为，确保各项治理措施的落实。与此同时，加强环境监管，特别是加大对重点污染源的监控和执法力度，可以提高环境管理效率，防止偷排、超标排放等行为的发生。此外，公众的积极参与也是改善环境不可或缺的力量。通过宣传教育，增强公众的环保意识，让每个人都认识到自身行为对环境的影响，从而使人们在日常生活中主动减少使用一次性塑料制品、更多选择绿色出行等，营造全民参与的环保氛围，进一步巩固大气污染治理的成效。

第二节　经开区城市更新的利益相关者

城市更新涉及多元利益相关者，基于利益相关者理论，采用米切尔评分法围绕合法性、权利性、紧迫性对利益相关者的划分方法，将城市更新利益相关者划分为确定型利益相关者、预期型利益相关者、潜在型利益相关者，具体如图3-2所示。

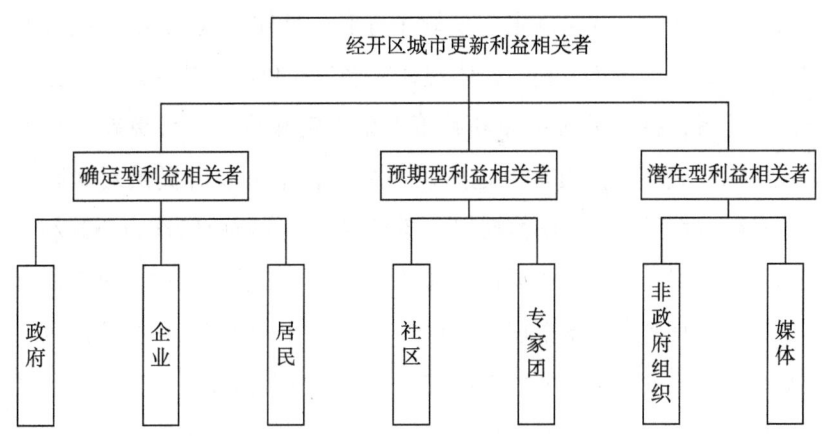

图3-2　经开区城市更新利益相关者

一、确定型利益相关者

确定型利益相关者指同时拥有合法性、权利性和紧迫性三大属性的群体，其与项目有着直接而紧密的联系，对项目的决策和实施具有重要影响。根据米切尔评分法对利益相关者划分的方法，结合我国研究者针对城市更新的利益相关者研究①，经开区城市更新的确定型利益相关者包括政府、企业（包括开发商、运营商、设计院、金融机构）、居民（包括原产权人）。

（一）政府

作为城市更新的主导者和推动者，政府负责制定政策、规划和计划，确保城市更新的有序进行，同时，政府还承担着资金投入、资源配置和监管协调等职责。在城市更新的复杂过程中，政府作为确定型利益相关者，不仅体现在政府的合法性上，还体现于其在城市发展中所拥有的权利性和对紧迫性问题的迅速响应能力。通过分析政府在城市更新中的合法性、权利性和紧迫性，可以更好地理解其在整个过程中的核心作用及其对城市发展模式的深远影响。

政府的合法性：政策制定与规划主导者。具体表现在政府的管理者、规划者及调解者等角色。其一，体现在管理者角色的合法性。政府是公共事务的管理者，拥有通过法律和政策框架制定和执行城市更新项目的权力。在中国，城市更新通常由地方政府主导，中央政府提供宏观政策指导。这种合法性不仅包括法律授权，还涵盖了公众对政府作为公共利益代表的信任和期望。其二，体现在规划者角色的合法性。在城市更新的具体操作中，政府具有主导城市规划的权力。政府通过制定城市总体规划、详细规划和专项规划，决定城市更新的方向、范围和具体实施方案。这些规划不仅反映了政府对城市发展战略的长远考量，也体现了对公众利益的保护。政府通过法规和政策工具，确保城市更新项目符合城市总体发展目标，并在执行中维护公共秩序和社会稳定。其三，体现在调解者角色的合法性。政府在城市更新过程中承担很大的责任。这种责任不仅要求政府在

---

① 李育浪，谭丽. 冲突与协调：城市更新中的核心利益相关者［J］. 上海房地，2024（1）：15–19.

规划和执行中保持透明和公正，还要求其在利益冲突中作为调解者，协调不同利益相关者之间的关系。政府必须确保城市更新的每一个环节都符合法律法规，并在此过程中有效平衡各方利益，避免社会矛盾的激化。

政府的权利性：资源配置与决策权力。具体表现在资源配置与决策的主导性和民主性。其一，资源配置与决策的主导性。作为城市更新的核心推动者，政府在项目决策和资源配置上拥有巨大的权力。政府不仅控制着土地、资金等关键资源，还通过政策导向影响市场行为和社会舆论。政府可以通过征地、土地出让、规划调整等手段，为城市更新项目提供必要的资源保障。这种权力使政府成为项目的实际控制者，能够通过行政手段推动项目的顺利实施。在资源配置方面，政府通过财政预算、土地管理和公共服务供给等手段，直接影响城市更新的进程。政府可以通过财政补贴、税收优惠、土地优惠政策等方式，吸引开发商和其他社会资本参与城市更新项目。政府还可以通过公共基础设施建设、公共服务提升等手段，改善城市更新区域的环境，提升项目的整体价值。其二，资源配置与决策的民主性。尽管政府在资源配置和决策中的权力非常大，但也必须考虑公众参与的问题。现代城市更新项目越来越注重公众参与，这不仅是对政府合法性的补充，也是对其权力的约束。政府在决策过程中必须广泛听取公众意见，特别是在涉及居民搬迁、历史文化保护等敏感问题时，政府必须谨慎处理，确保决策的合理性和透明度。

政府的紧迫性：快速响应与风险管理。在城市更新过程中，政府常常面临许多紧迫性问题，这些问题需要快速反应和果断决策。紧迫性主要来源于社会问题的爆发、项目进展中的突发事件以及公众对项目推进的高期待。政府的紧迫性不仅要求其在问题出现时能够快速作出反应，还要求其在城市更新的规划和执行中预见可能出现的风险，提前制定应对策略。具体表现在社会矛盾化解的紧迫性和环境保护问题的紧迫性。其一，社会矛盾化解的紧迫性。在城市更新过程中，如果涉及大规模的居民搬迁，政府必须迅速制订搬迁安置方案，避免因安置不当引发社会矛盾。同时，在项目实施过程中，可能会出现诸如资金链断裂、施工延误等问题，政府作为项目的主要责任方，必须及时协调解决，确保项目的顺利进行。政府需要在快速决策与公众透明之间找到平衡点，避免因信息不对称而引发公众的不信任。其二，环境保护问题的紧迫性。当某个城市更新项目涉及旧工业区改造时，可能会涉及污染场地的清理和治理。政府在这种情况下不仅要快速响应，还必须协调环保部门、施工单位和居民之间的关系，确保项目在环保合规的前提下顺利进行。政府在处理过程中不仅要考虑短期效果，还要兼顾长远影响，确保项目的可持续性。

综上所述，政府作为确定型利益相关者，在城市更新过程中扮演着综合角色，不仅在合法性、权利性和紧迫性方面具有核心作用，还通过协调各方利益，确保项目的顺利推进。政府的合法性为其在城市更新中的主导地位提供了法律和制度保障；权利性使其能够有效配置资源，制定并实施各项政策；紧迫性要求政府在面对各种复杂问题时迅速反应，灵活调整策略。政府在城市更新模式中的综合作用不仅体现在项目的具体实施上，还体现在对整个城市的规划和发展模式产生深远影响。通过制定长期战略规划，政府可以引导城市更新的方向，确保更新项目与城市整体发展目标一致。同时，政府的政策导向也影响市场的行为和社会的预期，使城市更新不仅是空间上的改造，还是社会和经济结构的深度调整。政府在城市更新中的角色是多元化的。在某些情况下，政府作为项目的直接实施者，承担从规划到执行的全流程管理责任；在另一些情况下，政府则作为监管者和调解者，监督项目的执行，协调各方利益。此外，政府还可以通过制定公共政策和法律法规，间接引导和影响城市更新的进程。在未来的城市更新过程中，随着社会需求的不断变化，政府的角色也将不断演变。如何在保持合法性和权利性的同时，更好地应对紧迫性问题，将成为政府在城市更新中面临的主要挑战。同时，随着公众参与度的提高，政府在决策过程中如何平衡各方利益，确保城市更新的可持续发展，将成为其长期关注的重点。通过不断优化城市更新模式，政府不仅能够提升城市的整体竞争力，还能为社会发展提供更强的动力和保障。

（二）企业

企业是城市更新的重要参与者和实施者，包括开发商、运营商、设计院、金融机构等。企业通过投资建设、运营管理等方式推动城市更新项目的落地实施。参与城市更新的企业主要包括开发商、建筑公司等，它们承担资金投入和技术支持的角色，具有较强的经济实力和专业能力，因此拥有较大的权利。通过分析企业在城市更新中的合法性、权利性和紧迫性，可以更全面地理解企业的作用及其对城市发展的影响。其合法性保障了企业的市场参与权，权利性使企业能够有效配置资源，而紧迫性则要求企业具备高效的执行能力和风险管理能力。

企业的合法性：市场行为的合法化与政策遵循。一方面，市场行为合法化。企业的合法性主要体现在其作为市场经济主体，通过合法的市场行为参与城市更新项目。企业的合法性通常来源于法律法规的许可、政府的政策支持以及市场机制的认可。合法的土地使用权、建设许可和环境评估认证等是企业参与城市更新的基础。这种合法性不仅是企业进入和参与城市更新的重要前提，也是其获取社会信任和公众支持的基础。另一方面，政策遵循合法化。在城市更新过程中，企业的合法性还体现在其在运营中遵循政府政策和法律法规。例如，企业必须遵守有关土地使用、规划设计、施工管理和环保等方面的法规，以确保项目合规。同时，企业还需要在政府的监管下，遵守相关的财务和税务规定，确保其在城市更新中的行为合法合规。合法性不仅保障了企业的市场地位，也增强了企业在公众和政府面前的信誉度。尽管合法性为企业参与城市更新提供了基础保障，但在实际操作中，企业可能面临政策变化、法规更新等挑战。政府出台新的环保法规或土地管理政策都会影响企业的运营和项目推进。因此，企业需要具备较强的政策敏感度，及时调整策略，以应对政策环境的变化。

企业的权利性：资源投入与项目主导。一方面，资源投入的主导作用。企业通过投入资金、技术和人力资源，成为城市更新的实际执行者。土地开发权、建设权以及销售和运营权等都是企业在项目中拥有的核心权利。这些权利使企业能够在项目规划、设计和实施中占据主导地位，直接影响项目的进程和最终效果。企业通过大量的资本投入，为城市更新项目提供必要的经济支持。这种投入不仅包括直接的建设资金，还包括用于市场调研、设计优化和项目管理的人力资源。通过有效的资源配置，企业能够提升项目的质量和效益，从而实现经济回报。企业的资源投入还体现在技术创新和管理优化上，这些因素都有助于提高项目的整体竞争力。另一方面，项目开发的主导作用。由于企业在项目开发中的主导地位，其需要承担与市场波动、政策变化和施工风险相关的各种不确定性。例如，市场需求的变化可能导致销售不畅，政策调整可能增加成本，施工中的意外情况可能延误工期。因此，企业在享有权利的同时，也必须具备足够的风险管理能力，以应对可能出现的挑战。

企业的紧迫性：市场压力与项目进度。一方面，市场压力的紧迫性。企业在城市更新项目中面临的紧迫性主要来源于市场压力。城市更新项目通常需要在有限的时间内完成，以满足市场需求并实现预期收益。这种紧迫性要求企业在项目的各个环节都保持高效，特别是在项目规划、设计和施工阶段，企业必须尽可能地缩短周期，以确保项目的市场竞争力。另一方面，项目进度的紧迫性。在实际操作中，企业需要应对来自项目进度的紧迫性。这种紧迫性体现在多个方面，包括土地征用的速度、施工进度的控制以及销售节点的把握。任何一个环节的延误都可能导致整体项目的滞后，从而增加成本，降低收益。例如，如果在项目开发过程中遇到意外问题，如拆迁难度大、施工环境复杂等，企业必须迅速作出反应，通过调整策略或增加投入，来确保项目按时完成。为了应对紧迫性，企业通常采取多种策略，包括加强项目管理、优化资源配置以及与政府和其他利益相关者紧密合作。企业可以通过引入先进的管理工具和技术手段，提高施工效率，缩短建设周期。同时，通过与政府的合作，企业可以在政策支持下加快审批流程，减少不必要的延误。此外，企业还可以通过市场调研和风险评估，提前预判可能出现的问题，制定相应的应急预案。

综上所述，企业在城市更新模式中扮演综合性的角色，不仅是资源的提供者和项目的执行者，还是市场的参与者和风险的承担者。企业通过市场化的操作模式，将资本、技术和管理经验注入城市更新项目中，推动项目的实施和完成。同时，企业的市场导向决定了其在项目中的决策方向和资源配置，这使其在城市更新模式中具有重要的影响力。首先，企业通过资本投入和技术创新，提高了城市更新项目的整体水平和市场竞争力；其次，企业的市场导向使城市更新项目更符合市场需求，有助于提升项目的经济效益和社会效益；此外，企业的风险承担和紧迫性应对能力，也为城市更新项目的成功实施提供了保障。在城市更新过程中，企业的作用是多元化的。企业作为开发主体，通过实际操作推动项目的实施；企业还作为市场参与者，通过市场化手段实现资源的有效配置；企业还需要承担社会责任，关注项目的可持续性和社会效益。因此，企业在城市更新模式中的作用不仅体现在经济层面，还体现在社会和环境层面，通过在城市更新中的积极参与，企业不仅实现了自身的经济利益，也为城市的发展和社会的进步作出了重要贡献。未来，随着城市更新模式的不断演进，企业将在其中扮演更加多元化和复杂的角色，进一步推动城市的可持续发展。

（三）居民

作为城市更新的直接受益者，居民的需求和利益是城市更新工作的重要考虑因素。居民对居住环境、交通出行、公共服务等方面的需求和期望对城市更新项目的设计和实施产生重要影响。在城市更新过程中，居民作为确定型利益相关者，既是城市更新的直接影响者，也是参与者。居民的合法性、权利性和紧迫性直接影响城市更新项目的推进和最终效果。居民的合法性赋予了他们在城市更新中的基本权利和参与机会；权利性使他们能够通过表达和谈判保护自己的利益；紧迫性则反映了他们在居住和生活质量方面的实际需求。

居民的合法性：权益保障与公共参与。具体表现在合法产权、合法权益、合法参与三个方面。其一，合法产权。居民的合法性主要体现在其作为城市的原住民或原产权人，对土地和住房拥有合法产权或使用权。这种合法性使居民在城市更新过程中拥有不可忽视的权利，特别是在涉及拆迁、安置和补偿等问题时，居民的合法权益必须得到充分保障。居民的合法性不仅体现在产权上，还包括其对社区生活的长期贡献和归属感，这种社会合法性使他们在城市更新中享有一定的发言权。其二，合法权益。在城市更新过程中，政府和开发企业必须尊重并保障居民的合法权益。这包括在拆迁补偿、安置房屋选择等方面的合法诉求，以及对社区环境和社会关系的保护。居民的合法性使他们在城市更新项目中拥有与政府和企业协商的权利，确保他们的利益不被忽视。此外，居民还可以通过法律途径维护自己的合法权益，防止因城市更新受到不公正对待。其三，合法参与。随着城市更新进程的推进，居民的合法性也为他们提供了更多的参与机会。例如，许多城市更新项目在规划和设计阶段会广泛征求居民的意见，这不仅是对其合法权益的尊重，也有助于项目的顺利推进。居民通过参与规划设计、监督施工进度等方式，能够更好地维护自己的权益，同时也为城市更新项目的成功实施贡献力量。

居民的权利性：利益表达与谈判能力。居民的权利性主要体现在他们在城市更新过程中对自身利益的表达和保护上。作为城市更新的直接受影响者，居民有权对拆迁补偿标准、安置房质量、社区配套设施等问题提出意见和要求。这种权利性使居民成为城市更新谈判中的重要一方，其诉求和利益必须得到充分重视和回应，具体表现在多样化的利益表达、谈判能力与权利实现。其一,多样化的利益表达。部分居民可能更关注经济补偿的数额,另一些居民则可能更关注安置房的位置和质量,还有一些居民可能更关心社区的环境保护和文化遗产保留。这种多样化的利益诉求要求政府和开发企业在规划和实施过程中充分考虑居民的各种需求,并通过协商谈判达成共识。其二,谈判能力与权利实现。随着公众参与度的提高,居民在城市更新中的谈判能力不断增强。通过社区组织、公众听证会和法律诉讼等方式,居民可以有效地表达他们的利益诉求,并在一定程度上影响城市更新项目的进程。例如,居民可以通过集体行动,争取更高的补偿标准或更好的安置条件。这种谈判能力不仅是权利性的体现,也是居民在城市更新中实现自身利益的重要手段。

居民的紧迫性:居住安定与生活质量。具体表现在居住问题紧迫性和生活质量紧迫性。一方面,居住问题紧迫性。城市更新对居民来说,最直接的紧迫性体现在居住安定性上。拆迁和安置往往意味着居民需要面对居住环境的变化,这种变化可能会带来巨大的不确定性和生活压力。一些居民可能因为拆迁而被迫离开熟悉的社区,搬迁至陌生的区域,面临交通不便、社会关系重建等问题。这种居住安定性的紧迫性要求政府和开发企业在项目实施中充分考虑居民的实际需求,提供合理的安置方案,确保他们的生活质量不因城市更新而受到负面影响。另一方面,生活质量紧迫性。除居住问题外,居民还关心生活质量,包括社区环境的改善、公共服务的提升以及社会关系的维持等方面。城市更新项目如果不能有效提升居民的生活质量,甚至导致原有生活方式的破坏,居民的反对和抵触情绪就会增加,从而影响项目的顺利推进。因此,政府和开发企业在制订城市更新方案时,必须关注居民的实际生活需求,确保项目的实施能够真正提升居民的生活质量。面对城市更新带来的紧迫性问题,居民的反应方式多种多样。有些居民可能选择接受政府和企业的安置方案,积极配合项目的实施;另一些居民可能因为对补偿和安置条件不满,采取抗议、上访或法律诉讼等方式。如何有效缓解居民的紧迫性，促进他们与政府和企业之间的良性互动，是城市更新过程中必须研究的重要课题。政府和开发企业需要通过有效的沟通和合理的补偿机制，化解居民的紧迫感，确保项目的顺利实施。

综上所述，居民是原住民或原产权人，他们是城市更新最直接的影响对象之一，其权益保护问题至关重要。居民虽然可能不具备很高的决策权利，但在城市更新项目中拥有不容忽视的合法性基础，尤其是在涉及拆迁补偿等问题时，居民的需求和意见往往会成为影响项目进程的关键因素。居民和社区是城市更新项目的直接受益者，也是重要的反馈群体。他们的居住环境和生活质量因城市更新得到改善，但同时面临着搬迁、安置等挑战。因此，居民和社区的意见和建议对于项目的成功至关重要。经开区通过召开座谈会、发放调查问卷等方式，积极听取居民和社区的意见，确保项目符合他们的利益。政府和开发企业在实施城市更新项目时，必须充分考虑居民的这些特性，确保他们的权益得到保障，生活质量得到提升，从而推动城市更新的顺利实施和城市的可持续发展。

二、预期型利益相关者

预期型利益相关者指拥有合法性和权利性，但紧急性相对较低的群体。他们在项目中的影响力不如确定型利益相关者那么直接和显著，但仍然对项目具有一定的预期和期望。根据米切尔评分法对利益相关者划分的方法，结合我国研究者针对城市更新的利益相关者研究，经开区城市更新的预期型利益相关者包括社区（包括公众代言人）、专家团等。

（一）社区

社区的半政府性使政府可以直接在社区设置相应的职能机构。社区指居住在同一地理区域内的居民群体，包括但不限于原住民或原产权人。社区组织通常包括街道办事处、居民委员会、社区服务中心等半政府性机构,这些组织在城市更新过程中承担着沟通、调解和协调的职责。

社区组织在城市更新中充当政府与居民之间的重要沟通桥梁。作为预期型利益相关者,这些组织并不直接追求经济利益,但他们在项目中的作用极为关键。社区组织在政府与居民之间发挥沟通桥梁的作用,确保政府政策和开发企业的计划能够被居民充分理解和接受,同时也将居民的需求和反馈及时传递给政府和开发企业。这种双向沟通有助于减少信息不对称,缓解因误解或信息不畅导致的冲突。例如,在城市更新的初期阶段,社区组织可以通过召开居民大会、分发宣传资料等方式,向居民解释城市更新的目的、计划和对他们生活的潜在影响,帮助居民理解并支持项目的推进。在城市更新项目中,社区通常会通过选举或指定的方式产生公众代言人,以代表社区成员的利益和诉求。公众代言人在政府、企业和社区之间搭建沟通的桥梁,促进各方之间的有效交流和协作。

社区组织在城市更新中发挥鼓励和促进居民的参与作用。社区组织可以鼓励和促进居民的参与,通过各种形式的公众参与机制,将居民的意见纳入城市更新的决策过程。社区成员通过公众代言人参与到城市更新项目中,表达自己的利益诉求,如对居住环境改善的要求、对拆迁补偿方案的意见等。社区可以组织居民对更新方案进行讨论和反馈,或通过问卷调查、公开听证等方式收集居民的意见。社区成员通过参与项目会议、提出建议等方式,监督项目的进展,并确保项目符合社区居民的实际需求。这种参与不仅可以提高居民的主人翁意识,还可以使项目更加贴近居民的实际需求,减少因项目实施而带来的不满和抵触情绪。

社区组织在城市更新中协助政府和开发企业的治理。在实际操作层面,社区组织还协助政府和开发企业处理拆迁、安置、补偿等具体事务,尤其是在面对居民抗议或法律诉讼等情况时,社区组织可以发挥调解和调停的作用。他们熟悉当地的社会关系和文化背景,能够有效地协调各方利益,平息可能的争端,确保城市更新项目的顺利推进。此外,社区组织在提供社会服务、保障居民基本生活条件方面也起着重要作用，帮助居民在城市更新过程中平稳过渡，维持社会稳定。

(二) 专家团

专家团由规划师、建筑师、社会学家等专业人士组成，为城市更新项目提供专业的技术咨询，帮助设计合理的城市更新方案，确保项目的可行性和可持续性。通过对项目的技术、经济、社会等多个方面的综合评估，为项目的决策提供科学依据。识别项目实施过程中可能遇到的风险，并提出相应的预防措施，帮助降低项目风险。

专家团在城市更新中提供必要的理论支持。专家团通常由城市规划、建筑设计、社会学、经济学、环境科学等领域的专业人士组成，他们为城市更新项目提供理论支持和学术指导。在城市空间布局、功能区划、土地利用等方面，专家团能够提出符合城市长远发展需求的规划方案，确保城市更新不仅满足当前的需求，还能适应未来的发展。通过对城市发展趋势的深入研究，专家团还能够预测可能出现的社会、经济和环境问题，为城市更新提供预防性对策，降低项目实施过程中的风险。

专家团在城市更新中提供优化的政策建议。专家团在政策制定过程中发挥至关重要的作用。政府在制定城市更新政策时，通常会依赖专家团提供的研究报告和建议，确保政策的科学性和可行性。专家团可以通过对其他城市更新案例的研究和对本地情况的分析，为政府提出优化的政策建议。在拆迁补偿标准、环境保护措施、历史文化保护等方面，专家团能够提出符合本地实际情况的建议，帮助政府制定既具前瞻性又切实可行的政策。

专家团在城市更新中提供咨询评估服务。专家团还可以在城市更新项目的实施过程中提供咨询服务，并在项目完成后进行评估。这些评估不仅有助于判断项目是否达到预期效果，还能为后续项目的优化和改进提供参考依据。专家团通过对项目的各个环节进行独立评估，可以发现问题并提出改进建议,确保项目可持续性和社会效益最大化。

综上所述,社区和专家团作为预期型利益相关者,在城市更新过程中发挥了独特且不可替代的作用。社区组织通过沟通、调解和协调,在政府和开发企业与居民之间架起了一座信任的桥梁,帮助化解冲突,促进项目顺利实施。专家团则通过提供理论支持和政策建议,帮助政府和企业制定科学合理的城市更新策略,确保项目的长远可持续性。两者的参与和贡献,为城市更新项目的成功实施提供了重要保障,也为项目的社会和经济效益提升奠定了坚实基础。

三、潜在型利益相关者

潜在型利益相关者指目前尚未与项目建立直接联系但受到项目影响的群体。他们的利益和需求在项目规划和实施过程中容易被忽视,如果不加以重视,可能会对项目的成功产生负面影响。根据米切尔评分法对利益相关者划分的方法,结合我国研究者针对城市更新的利益相关者研究[1],经开区城市更新的潜在型利益相关者包括非政府组织(NGO)、媒体等。

(一)非政府组织

非政府组织在城市更新中发挥重要的桥梁和纽带作用,可以协助政府和企业收集居民意见、协调各方利益、监督项目实施等。NGO 在城市更新项目中通常扮演监督和支持的角色,它们通过倡导公众利益、促进环境保护等方式参与其中。在城市更新中,它们发挥社会倡导与公众参与、利益保护与权利倡导、政策倡导与社会监督等作用。

社会倡导与公众参与作用。NGO 通常关注城市更新项目对特定社会群体的影响,特别是那些在权力结构中处于弱势地位的群体,如低收入居民、迁徙工人或被拆迁户。通过举办论坛、研讨会、公众讨论等形式,

---

[1] 龙腾飞,施国庆,董铭. 城市更新利益相关者交互式参与模式[J]. 城市问题,2008(6):48-53.

NGO 能够激发公众对城市更新的关注与参与。NGO 的活动虽然不直接改变项目的进程，但通过提高公众对城市更新的关注度，间接影响政府和开发企业的决策。某些 NGO 可能会关注城市更新中的环境保护问题，通过媒体和社交平台发声，促使项目在规划中更加注重绿色建筑和可持续发展。

利益保护与权利倡导作用。NGO 也常常扮演利益保护者的角色，尤其是在城市更新项目可能损害某些群体利益的情况下。NGO 通过法律援助、社会调研和政策建议，为受影响群体提供支持和保护。在涉及拆迁补偿或强制搬迁的项目中，NGO 可以为居民提供法律咨询，帮助他们了解自己拥有的权利，并在必要时提供法律援助以争取合理的补偿。虽然 NGO 不直接参与城市更新项目的实施，但其倡导和保护行动能够对项目的推进产生重要的间接影响，特别是在涉及社会公正和公平的问题时。

政策倡导与社会监督作用。NGO 还通过政策倡导和社会监督发挥影响，对现有的城市更新政策提出批评或建议，推动政府和立法机构进行政策调整。针对城市更新中存在的利益分配不公、环境破坏或文化遗产保护不足等问题，NGO 可以通过政策研究和公共倡导推动相关政策的改进和完善。此外，NGO 还可以发挥社会监督的作用，确保城市更新项目在实施过程中符合既定的法律和道德标准。这种监督不仅限于项目的具体操作层面，还包括对整个城市更新政策框架的监督和审查。

（二）媒体

媒体通过报道城市更新项目的最新进展，向公众传播相关信息，提高项目的透明度。媒体通过深入报道项目的各个方面，包括进展和存在的问题，对项目进行监督和批评，促使各方改进工作；媒体通过发布有关城市更新的专题报道或文章，提高公众对城市更新项目的认识和理解。在城市更新中，媒体发挥着舆论导向与议题设置、舆论监督与公共透明、共识构建与公众教育等作用。

舆论导向与议题设置。媒体通过报道、评论和社论等形式,能够将城市更新项目的相关议题引入公众视野。通过议题设置,媒体决定了哪些问题会成为公众关注的焦点,直接影响了社会对城市更新项目的认知和理解。媒体可以通过深入报道揭示城市更新中的拆迁纠纷、环境影响或社会不平等问题,从而引发公众对这些问题的关注和讨论。这种舆论导向可以对政府和企业施加压力,迫使它们在项目实施中更加重视公众利益和社会责任。媒体在城市更新项目中的作用不可小觑。它们通过报道项目进展、揭示问题等方式传播信息,能够有效地提高公众关注度,促进信息透明化。媒体虽然不是决策主体,但在塑造公众舆论、推动信息公开等方面具有较大的影响力。

舆论监督与公共透明。作为舆论监督者,媒体在城市更新中的作用不可忽视。通过调查报道和深度新闻,媒体能够揭露项目中的不当行为、腐败现象或社会不公。这种舆论监督不仅有助于提高项目实施的透明度,还能为公众提供可靠的信息,促使政府和开发企业更加规范地推进项目。媒体的监督报道也能够成为 NGO 和公众行动的依据,进一步扩大舆论的影响力。媒体和公众舆论作为信息传播和社会监督的重要力量,对项目的形象和声誉具有重要影响。在经开区城市更新项目中,媒体的关注和报道和公众舆论不仅可以提高项目的知名度和影响力,还可能对项目产生一定的压力和监督作用。因此,项目团队需要与媒体和公众保持良好的沟通和互动关系,及时回应社会关切和热点问题。

共识构建与公众教育。媒体还通过报道和分析,帮助构建社会共识,推动公众教育。媒体可以通过系列报道或专题节目,普及有关城市更新的知识,解释项目的背景、目标和潜在影响,帮助公众更好地理解城市更新的必要性和复杂性。这种教育功能不仅有助于减少社会矛盾,而且可以促进各方利益相关者之间的相互理解与合作,为城市更新项目的顺利推进创造良好的社会环境。

综上所述，NGO 和媒体作为潜在型利益相关者，在城市更新中通过社会倡导、政策监督、舆论引导等方式，对项目的进程和结果产生深远影响。尽管它们在合法性、权利性和紧迫性上不如直接利益相关者显著，但其作用不可低估。NGO 通过支持弱势群体和推动政策改进，帮助实现更公平和可持续的城市更新，而媒体则通过信息传播和舆论监督，确保公众的知情权和参与权，推动社会共识的形成。两者的共同作用使城市更新项目更加透明、公开和公正，为实现城市的可持续发展提供有力支持。

四、三型利益相关者对城市更新的作用

在城市更新过程中，确定型利益相关者、预期型利益相关者和潜在型利益相关者各自扮演不同的角色，共同影响项目的进程和结果，三型利益相关者对城市更新的作用如图 3－3 所示。

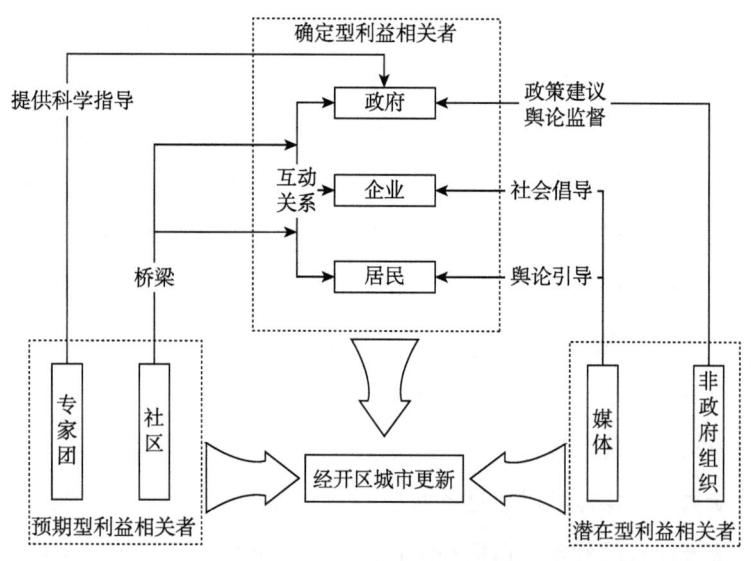

图 3－3 三型利益相关者对城市更新的作用示意

确定型利益相关者，包括政府、企业和居民，直接参与并深刻影响城市更新的各个阶段。政府是政策制定者和监管者，企业是项目的实施者，

居民则是直接受影响的群体。三者之间的互动决定了项目的合法性、可行性和社会接受度。

预期型利益相关者，如社区和专家团，虽然不直接参与利益分配，但通过沟通协调和提供理论支持，对项目的规划和执行产生重要影响。社区在协调政府、企业和居民之间的关系方面发挥了桥梁作用，而专家团则通过专业知识提供科学指导，确保项目的合理性和可持续性。

潜在型利益相关者，如 NGO 和媒体，虽然在权利性和紧迫性上关联较弱，但它们通过社会倡导、舆论监督和政策建议，对项目的社会影响和公共透明度产生深远影响。NGO 关注社会公正和环境保护，而媒体则通过信息传播和舆论引导，帮助塑造公众认知和社会共识。

总而言之，这三类利益相关者通过不同的方式，推动城市更新项目的成功实施，并确保其社会效益和可持续性。

第三节　产城融合背景下北京经开区城市更新模式

产城融合作为一种新型的城市发展模式，强调产业与城市功能的相互融合、相互促进，以实现产业结构、就业结构、消费结构的匹配，提升人的生活质量。北京经开区作为核心区域，其工业用地的有效利用和更新对于推动产城融合具有重要意义。根据北京经开区总体发展布局，政府突出经开区产业发展特色，充分考虑不同街区发展水平、产业定位，结合城市空间形态、用地性质分类提出城市更新需求，明确城市更新任务目标路径，打造了具有亦庄特色的城市更新模式，主要包括收储回购模式、升级整租模式、"腾笼换鸟"模式三类，具体如图 3-4 所示。

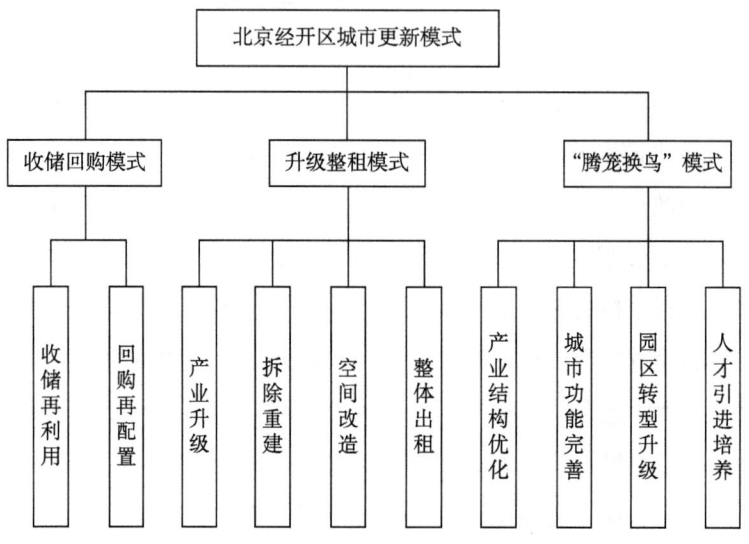

图 3-4 北京经开区城市更新模式

一、收储回购模式

在产城融合背景下，北京经开区推出的收储回购模式是其工业用地（类）项目城市更新策略的重要组成部分，2024年《亦庄新城工业用地（类）项目城市更新实施细则（试行）》（以下简称《实施细则》）鼓励通过收储、回购方式盘活、再利用工业项目，包括通过市场化收购方式盘活涉法涉诉、长期停工类项目。原项目无法继续实施的，可以按照管委会要求以合理的评估价格对土地使用权人资产进行收购，旨在促进产业与城市的深度融合，提升土地利用效率，助力新质生产力的发展。收储回购模式是北京经开区工业用地项目城市更新的一种重要方式，该模式通过政府或市场主体的参与，对存量工业用地进行收储和回购，以实现土地的再利用和优化配置。

（一）收储再利用

政府或指定机构通过合法程序，对符合收储条件的工业用地进行收储，这一过程通常涉及土地权属的变更、补偿安置等事项。在土地完成收储后，政府或市场主体可根据市场需求和规划要求，对土地进行回购和开发利用。回购方可以是原土地使用者、新入驻企业或其他符合条件的投资者。回购后的土地将按照新的产业规划和城市功能定位进行开发利用。北京经开区建立了工业用地全生命周期管理新路径，通过收储回购模式，实现了对工业用地的全生命周期管理。这有助于优化土地资源配置，提高土地利用效率。在收储回购过程中，引入了市场化机制，通过市场化收购等方式盘活涉法涉诉、长期停工类项目。这有助于激发市场活力，推动土地资源的优化配置。通过收储回购模式，引导低效、落后的产业退出，为新兴产业和高新技术产业的发展腾出空间，推动北京经开区的产业结构优化升级，实现产业的提质增效。收储回购后的土地将按照新的城市功能定位进行开发利用，有助于完善北京经开区的城市功能布局，提升城市的综合承载能力和吸引力。随着产业的升级和城市功能的完善，北京经开区的人居环境将得到显著提升。这有助于吸引更多的人才和企业入驻，推动产城融合的深入发展。通过实施该模式，可以实现土地资源的优化配置和高效利用，推动产业升级和城市功能完善，进而提升北京经开区的整体竞争力和可持续发展能力。

（二）回购再配置

为释放产业空间，北京经开区通过回购方式盘活雪莲羊绒项目，并将其定位为空天街区商业航天共性科研生产基地项目，建成后将拥有 10 余个实验平台、2 个实验区、多座厂房及 5 万余平方米企业孵化空间等，覆盖企业初创期、成长期、成熟期等全生命周期，服务研发、设计、制造、应用全产业链条，将以共性技术平台为驱动，加大创新供给，解决商业航天领域实验资源紧缺、测试服务供不应求的痛点，快速提升商业航天产业化基础能力，建设创新研发中心、高端智造中心、科技互动展厅，吸引商业航天全产业链优质项目聚集，引领全国空天产业发展。该项目是《亦庄新城城市更新实施办法》出台后，亦庄新城范围内成功收回的首个市属国有全资企业工业项目，也是国有平台公司通过回购存量低效用地盘活土地的又一成功案例。又如，针对星网工业园闲置厂房，通过谈判和仲裁收回诺基亚、三洋能源、腾飞博大、三箭和众鼎（北区）、富智康和光宝移动6个项目，盘活土地面积25.4公顷，推动产业迭代。

二、升级整租模式

《实施细则》鼓励通过产业升级或拆除重建、空间改造进行自主升级，或者将项目整体出租利用。

（一）产业升级

依托北京经开区现有产业基础，加强科技研发和创新能力建设。通过引进高新技术企业、培育创新型企业等方式，推动传统产业升级改造和新兴产业集聚发展。同时，加强产业链上下游企业合作和资源整合，形成具有核心竞争力的产业集群。一方面，聚焦高精尖产业。北京经开区将产业升级作为整租模式的核心驱动力，重点发展生命健康、电子信息、集成电路、新型显示等高新技术产业。通过政策扶持、资金支持、平台搭建等多种方式，吸引创新能力强、市场占有率高、掌握关键核心技术的企业入驻。鼓励现有企业进行技术创新和转型升级，淘汰落后产能，提升产业附加值。另一方面，构建产业生态体系。在产业升级过程中，北京经开区注重构建完善的产业生态体系。通过引入产业链上下游企业，形成产业集聚效应，促进产业链协同发展。同时，加强与科研机构、高等院校的合作，推动产学研深度融合，为产业发展提供强有力的技术支撑和人才保障。例如，在城市更新中，星海集团坚持向内挖掘，深入探索企业转型发展的战略，将综合厂房打造成集生产流水线、大师工坊、技术研发中心等于一体的全新生产展示平台，最终形成一个融合历史、文化、休闲与互动体验的公园，实现空间最优利用，不仅把星海文化的根和魂留在了园区，而且体现了先进制造业和现代服务业的深度融合。整个园区将在完成符合北京经开区城市气质的"整形"后,成为一座新地标,进而带活一片土地、为城市注入更多活力。又如,2022年7月12日,在首届北京城市更新论坛上,"星网·北汽蓝谷"项目被评为北京城市更新优秀案例,其始终站在高精尖产业前沿的北京经开区盘活存量产业空间,引领城市更新产业升级,加快培育具有战略领航性、示范带动性、科技引领性的产业集群,打造具有全球影响力的高精尖产业主阵地。在更新过程中它尽可能保持了园区原有空间肌理,有针对性地对园区能源系统、建筑内部局部结构等关键环节进行提升改造,使其能够最大限度地满足现有高精尖产业生产工艺需求。这正是北京经开区在城市更新中"尊重历史前提""坚持工业用地工业性质""积极引导"原则的生动体现,旨在提高产业空间资源利用效能,实现工业园区良性发展。

(二)拆除重建

针对新城内存在的停产低效、土地利用不充分的工业用地,经开区通过全面摸底调查,识别出这些低效用地并将其纳入拆除重建计划。这些地块普遍位置优越但产出效益低下,具备较大的改造潜力。为落实亦庄新城功能定位,保障产业发展空间,推动经开区高质量发展,提升土地集约利用效率,北京亦庄面对工业用地"已供低效、新供不足"的严峻挑战,积极筹划、主动创新,出台了一系列土地管理政策,并组织开展了城市更新规划的编制工作,全面强化顶层设计,搭建政策规划体系框架。制定了项目申报准入、审批、招商、运营、调度、评价、预警奖惩和退出的"七步工作法",细化制定了《城市更新项目准入审核程序》《北京经济技术开发区产业园区管理办法》等规定,以及《城市更新方案》《城市更新协议》《城市更新方案批复意见书》等一整套规范化文件,持续优化工作程序,建立全周期管理体系。北京亦庄坚持"工"改"工"的原则,保障工业发展空间;强化指标精确管理,提高土地利用效率;加强更新规划引领,突出圈层引导理念；补足服务配套，提升产城融合水平；成立平台公司，发挥市场化运营优势；引入金融产品，保障资金使用需求；融入"双碳"理念，鼓励绿色低碳发展。在拆除重建过程中，经开区注重科学规划和合理布局。根据新城发展定位和产业规划要求，对拆除后的地块进行重新规划设计和建设。通过引入现代建筑设计理念和技术手段，打造符合产业发展需求、环境友好型的新型产业园区或城市功能区。例如，北京亦庄城市更新有限公司（以下简称城市更新公司）作为北京经开区国有平台公司盘活回购具有百年历史的意大利冶金设备制造商达涅利原有的建筑面积1.45万平方米的长期空置厂房，在2020年3月出台的《北京经济技术开发区关于城市更新产业升级的若干措施（试行）》指导下，积极寻求工业用地集约利用的最优解，大胆借鉴珠三角、大湾区"工业上楼"模式，将容纳低端制造业的旧工业厂房拆除重建成集研发、办公、生产于一体的新型工业楼宇，推动产业上楼生产，这也是在产业高质量发展新格局和空间资源紧缺的背景下，城市空间形态的创新和突破。

（三）空间改造

在整租模式下，北京经开区对空间布局进行全面优化。通过重新规划产业用地、居住用地、公共服务设施用地等不同类型的用地比例和布局方式，确保新城内各项功能的协调发展。同时，注重提高土地利用率和容积率水平，实现土地资源的集约节约利用。在空间改造过程中，北京经开区注重提升空间品质和环境质量。通过绿化美化、景观营造等手段改善城市面貌；通过完善交通设施、公共服务设施等提升居民生活质量；通过引入智慧城市建设理念和技术手段提升城市管理水平和公共服务效率。例如，联东U谷·金桥产业园等在利用园区配套面积改建宿舍后被纳入北京经开区租赁性保障住房管理体系，解决了住宿难题。同时，鼓励企业提供部分配套设施用作公共服务，天空之境·产业广场、京蒙（亦庄·赤峰）科创产业园等项目累计提供9700平方米配套空间，一部分根据园区及周边需求自主运营,提供餐饮、超市、健身等配套服务,解决吃饭、休闲的问题;一部分由北京经开区统筹,根据街区需要配置工作站、亦企服务港、工会活动场所、嵌入式幼儿园等公共设施,解决了生活中的后顾之忧。生动的案例见证了城市在更新后的变化,成为城市更新之路上的亦庄样本。

(四) 整体出租

为实现整体出租目标,北京经开区在土地供应方式上进行创新,推出了一系列灵活的政策举措。一方面,通过实施"先租后让""弹性年期出让"等创新性土地供应政策,有效降低了企业的用地成本,缓解了企业在发展初期的资金压力,不仅让企业在土地使用上更加灵活,也减轻了大规模一次性资金投入的负担,帮助企业更快、更稳健地发展壮大。北京经开区积极鼓励企业通过租赁方式获取土地使用权,并为此提供了相应的租金减免、税收优惠等政策优惠,以进一步支持企业的成长。另一方面,为了更好地服务企业,北京经开区还构建了一个集成化的租赁服务平台。该平台不仅提供信息发布、租赁咨询、合同签订等一站式服务,还包括物业资源的管理与监管功能。通过这一平台,企业能够快速获取市场上的最新租赁信息,简化租赁流程,提高租赁效率。平台的监管功能确保了企业在使用土地和物业资源时的合法合规性,避免了资源浪费和不当使用的风险。北京经开区通过这些举措,不仅优化了土地资源的配置,提高了资源利用效率,也为企业营造了更加友好的营商环境,助力区域经济的可持续发展。

综上所述,通过产业升级、拆除重建、空间改造和整体出租四个方面的综合施策,北京经开区在产城融合背景下成功实施了升级整租模式,该模式不仅提升了新城的综合竞争力和宜居宜业水平,还促进了新城内各类资源的优化配置和高效利用。未来随着该模式的不断深化和完善,北京经开区将成为更加宜居宜业、产城共融的现代化新城典范。

三、"腾笼换鸟"模式

北京亦庄有得天独厚的产业聚集优势,而城市更新助推了区域的产业焕新,为产业强市注入了新活力。随着北京经开区30余年的发展,传统的产业园区模式逐渐暴露出一些问题,如产业结构单一、土地资源利用低效、城市功能不完善等。为了应对这些问题,北京经开区积极响应产城融合的理念,提出了"腾笼换鸟"的转型升级策略,旨在通过淘汰落后产能、引入新兴产业、优化空间布局等手段,实现新城经济、社会、环境的全面协调发展。

(一)产业结构优化

建成时间不少于6年的工业项目,经批准可以转型为产业园区,可以以出租房屋的方式引进产业项目。具备园区经营能力,并承诺园区整体经济指标能够达到入区标准的,经管委会批准可以转为产业园区;自身不具备园区经营能力的,可与国有平台公司合作合资经营,也可与具备园区经营能力的社会企业合作经营,经管委会批准后转为产业园区。土地使用权人引进的项目须符合亦庄新城产业导向及入区标准,并在开发区内办理工商、税务、统计登记。鼓励优先引进先进制造业企业、专业化"小巨人"企业、关键零部件和中间品制造企业。支持通过提容增效对园区进行升级改造,以满足产业需求。增加容积率的项目的经济贡献应当按照容积率增加比例相应提高。根据区域配套需求,可以批准土地使用权人配建不超过总建筑面积15%的行政办公及生活服务设施用房。鼓励利用地下空间建设配套设施用房,实现职住平衡、产城融合。配套设施用房优先建设公共服务设施,除倒班宿舍外鼓励开放经营,以补充区域配套功能,提升街区活力。配建的办公及生活服务设施用房面积按照房屋用途补缴地价款。代建公共服务设施用房并将产权移交管委会的部分面积,不补缴地价款。

园区可由原用地单位自荐、管委会相关部门或社会相关单位推荐的方式遴选纳入。有意向且有能力转型为产业园区的，由土地使用权人向工作专班提交《园区改造转型策划方案》。《园区改造转型策划方案》应当包括园区产业定位、储备项目、管理团队、运营思路、招商及实施计划、预期产出效益、市政能源现状及需求、能耗环保指标、资金来源和改造内容。合作合资经营园区的，应当与管委会签订三方协议，约定各方权利和义务。产业园区引入企业应当与管委会签订三方协议，约定各方权利和义务。工作专班组织相关部门和专家研究审核园区转型策划方案，经管委会批准后，向申请单位出具《园区改造转型实施方案批复意见书》。申请单位依据《园区改造转型实施方案批复意见书》到相关部门办理相关手续。产业园区纳入亦庄新城城市更新平台由工作专班统一管理，实行月度调度、季度报表制度。

通过产业升级和转型，北京经开区的经济结构更加优化，产业竞争力显著提升。一方面，北京经开区积极引进创新能力强、市场占有率高、掌握关键核心技术的专精特新"小巨人"企业，重点发展生命健康、电子信息、集成电路、新型显示等高新技术产业。通过政策扶持和平台搭建，吸引这些企业入驻，形成产业集聚效应。另一方面，针对区内停产低效的工业用地和企业，北京经开区采取回购、收储、转型等多种方式，盘活这些沉睡资源，将闲置的软包装生产企业用地转型为生命健康产业园区，引入医疗器械、基因技术等先进产业。

（二）城市功能完善

北京经开区在推进老旧厂房更新改造、低效产业园提质增效和"腾笼换鸟"、传统商圈改造提升中实现产业的提质增效，助力北京经开区新质生产力的加快形成。产业向"新"，以新提质；城市更新，向"新"而兴，新质生产力发展与城市高质量发展是一场双向奔赴。通过空间重构和基础设施完善，亦庄新城的城市功能更加完善，宜居性显著增强。一方面，空间重构土地再利用，打造绿色生态。北京经开区通过土地重新组合、功能布局调整等手段，提高土地利用率。在亦庄镇东工业区，通过拆除腾退、回购、企业入股等多种方式，对存量用地进行更新利用，满足新城发展的空间需求。北京经开区坚持绿色生态发展理念，加快"花园城市"建设。通过实施通明湖生态环境提升工程、建设嘉会湖公园等措施，打造森林绕城、绿道连城、碧水穿城、湿地润城、公园遍城的美好城市图景。另一方面，完善基础设施和公共服务。通过优化市政道路、给排水、供电、供热等公共设施建设，提升新城的整体承载能力。在新城规划中，充分考虑居民的生活需求，规划了教育、医疗、养老、文体等多类社区服务设施。这些设施的完善不仅提升了新城的宜居性，也为产业人才提供了良好的生活环境。

（三）园区转型升级

在园区转型和升级过程中，园区功能与设施的提升是确保产业结构优化和整体发展目标实现的关键。园区功能与设施的升级不仅涉及基础设施的改造和现代化，还包括配套服务设施的建设和智能化管理的实施。这些措施旨在提高园区的运营效率，提升园区的吸引力，进一步推动园区的经济和社会发展。

首先，基础设施的升级是园区功能提升的重要基础。对园区内的交通、供水、排水、电力等基础设施进行全面改造，是提升园区综合服务能力的前提。通过对园区内部道路的重新规划和铺设，提升交通流畅度和安全性，减少交通拥堵。对老旧的供水和排水系统进行现代化改造，确保园区内的生活和生产用水需求能够得到满足。同时，优化电力供应和供热系统，引入智能电网和节能技术，以应对园区内高新技术产业对能源的需求。这些基础设施的完善不仅能提高园区的运营效率，还能为企业提供稳定的生产和工作环境。

其次，配套服务设施的建设对于提升园区的综合吸引力和宜居性至关重要。在园区内部规划和建设多功能的商业、教育、医疗和休闲设施，能够满足企业员工及其家庭的各种生活需求。建立高标准的教育机构和医疗设施，提供优质的教育和医疗服务，提升园区居民的生活质量。设立商业中心和休闲娱乐场所，丰富园区内的生活体验，提高员工的生活满意度。此外，鼓励在园区内开发综合性社区，提供具备住宅、办公和服务功能的混合用途建筑，优化空间利用和职住平衡。这些配套设施建设不仅能够增强园区的吸引力，还能提高园区的整体生活和工作环境。

最后，智能化管理是园区功能升级的重要组成部分。引入智能园区管理系统，园区能够通过数据采集和分析，实现对运营的实时监控和优化。采用智能照明系统和智能安防系统，提高园区的能源效率和安全性。建立高效的信息通信基础设施，提供高速稳定的网络服务，支持园区内企业的数字化需求。此外，推进智能化的城市管理系统，通过大数据分析和人工智能技术，提升园区的管理效率和服务水平。这些智能化措施不仅能提升园区的运营效率，还能增强园区对高技术企业和创新企业的吸引力。

通过基础设施的升级、配套服务设施的建设和智能化管理的实施，园区能够在转型和升级过程中实现功能的全面提升。这些措施不仅有助于提高园区的运营效率和综合服务能力，还能为企业和居民提供高质量的生活和工作环境，推动园区的可持续发展和经济增长。这种全方位的功能与设施升级，旨在为园区的长期发展奠定坚实的基础，促进园区的高质量发展。

（四）人才引进培养

在园区转型与升级过程中，人才的引进与培养是实现长远发展的核心。高层次和高技能的人才不仅能带来先进的技术和创新思维，还能为园区注入宝贵的管理经验和市场洞察力，从而提升园区的整体竞争力和吸引力。为了实现这一目标，园区需制定科学的人才引进政策并提供优越的待遇和支持。

为了吸引顶尖人才，北京经开区实施具有吸引力的薪酬福利和生活补贴政策。例如，设立专项人才引进基金，为高端人才提供优厚的薪资待遇、住房补贴和科研资助。此外，与高等院校和科研机构建立合作关系，通过联合项目、实习和培训等方式，吸引大量人才。这些举措将为园区注入新鲜的血液，推动科技创新和产业升级，为园区的发展奠定坚实的人才基础。

  建立完善的人才培养机制对于提升现有员工的技能和素质同样重要。通过开展定期的培训和技能提升课程，可以帮助园区企业员工掌握最新的行业知识和技术。例如，组织技术研讨会、行业论坛及职业技能培训，有助于提升员工的专业能力和创新思维。企业还应与专业培训机构合作，制订有针对性的培训计划，以提升员工的实践操作能力和解决实际问题的能力。这些培训不仅能够提升员工的综合素质，还能提高企业的市场竞争力，推动园区的整体发展。

  营造良好的人才发展环境是确保人才长期稳定的重要因素。园区应致力于提供优质的生活服务设施和创造友好的工作氛围。例如，通过建设高标准的生活社区、提供完善的医疗和教育服务，显著提升人才的生活质量。此外，企业应当为员工提供职业发展机会和明确的晋升通道，以增强员工的职业归属感和发展信心。鼓励创新和创造力也非常关键，通过设立人才创新奖和激励机制，激发员工在工作中的创造力和主动性。综合来看，通过制定科学的人才引进政策、建立完善的人才培养机制以及营造良好的人才发展环境，园区能够有效吸引和培养高层次人才，提升园区的创新能力和市场竞争力，为区域经济的持续发展注入强劲动力。

第四章　产城融合背景下北京经开区城市更新实践

第一节　园区类城市更新实践

一、亦创智能机器人创新园

（一）项目基本情况

项目位于北京经开区荣昌东街6号院，东至永昌南路，西至宏达南路，南至景园街，北至荣昌东街。项目占地约16.24万平方米，土地用途为工业。

项目原产权人为北京北人印刷机械股份有限公司（以下简称北人集团），其是国内最大的单张纸印刷机制造基地，具备年产千余台（套）印刷装备的规模生产能力。原有的科研楼、中试厂房及装配一厂房、装配二厂房和综合厂房等建筑于2003年竣工。自2012年以来，北人集团积极响应北京市政府"从集聚资源求增长到疏解功能求发展""为构建高精尖经济结构，推动高质量发展提供有力支撑"的政策号召，按照开发区产业发展方向和母公司整体发展战略要求，坚决关停并转亏损单元，将传统制造业务全部搬迁疏解。

为合理盘活和利用原有资源，提高国有资本配置和运行效率，在契合首都城市功能定位和北京经开区"引领新常态，打造高精尖，服务京津冀"战略目标的大背景下，在北京经开区的支持下，北人集团快速调整战略方向，强化创新驱动，提出了向机器人、智能制造及数字产业转型的构想，并结合自身优势，确定以发展智能机器人产业为主线，将原厂房和办公楼改建为智能制造产业园区，引入资源打造创新生态，打造全球机器人研发设计和集成创新中心、展示交流和技术交易中心、系统集成总部和工程示范应用中心。

2015年7月项目通过北京经开区评定并被授予特色产业园区称号——"亦创智能机器人创新园"（以下简称亦创园）。

（二）项目城市更新改造情况

1. 更新模式

政府引导下的房屋功能更新改造。在项目实施过程中北京经开区管委会在宏观层面予以积极引导，在规划调整、市政基础设施改造等方面提高审批效率，给予政策支持，并鼓励金融机构、社会资本等参与项目改造。

2. 更新做法

2015年，北京经开区管委会确定在亦创园选址建设世界机器人大会永久会址工程。2016年，亦创团队用时短短四个多月，主要利用北人集团厂区原有装配一厂房、装配二厂房和综合厂房进行功能更新改造，把传统的机械制造工业用房转型为会展与科技服务用房，完成了86919平方米的北京亦创国际会展中心主体建设，并同年交付使用。

在建设过程中，原有装配一厂房及综合厂房中间的消防通道在5.1米标高以上的全部封闭，形成室内空间，用于增设配套设施。原综合厂房在9.9米标高以上的增设混凝土楼板，作为常设展厅及配属辅助用房。原有装配二厂房东侧一垮外扩了约 5 米，改造为可供 3000 人同时使用的大会议厅，西侧两垮的二层区域加设楼板改造为会议厅辅助商业配套、其他设施配套用房，并对原厂房二层的廊道进行改造，加设了展厅和咖啡厅。

在改造过程中基本保留了原有建筑物的主体结构，尽量减少对原结构的拆除，但在房屋性能上予以更新，如加装了保温系统、空调系统等。这一做法减少了改造活动对原有建筑的破坏程度，也为未来的持续改造活动留足了空间。同时，室内原有悬臂吊车与地面轨道等工业设施作为遗存物也被保留下来，通过技术维护使之保持良好的工作状态，确保在大型展品的布置中继续发挥作用。

2019 年，亦创园项目进一步改进完善了 D 馆、E 馆的配套设施。目前，亦创园项目建筑面积约 13.87 万平方米，包括 1.9 万平方米的科研楼、3.28 万平方米的中试厂房和 8.69 万平方米的会展中心。

（三）项目实施成效

亦创园项目是开发区"内涵式转型发展"示范工程，是"中国制造 2025"的展示平台，先后获得北京市中小企业公共服务示范平台、中关村国家自主创新示范区创新型孵化器，并被纳入中关村示范区创业服务支持体系。

亦创园项目以"成为中国机器人发展的风向标、领跑者，成为具有全球影响力的高端、高效、高辐射力的智能机器人创新中心"为目标，助推经开区形成较为完善的高端装备制造及机器人产业体系，构筑北京市高端装备制造及机器人领域全球开放创新高地和展示交流中心。亦创园是国内首家汇集了"技术创新研发、产业联盟、专利池、要素平台、基金、基地"的创新链的智能机器人产业创新平台，被列入北京市国资委"十三五"期间重点打造的十大"高精尖"项目之一，是首批被经开区授牌的特色产业园区，获"中关村国家自主创新示范区创新型孵化器"认定。

园区更新后，亦创园项目集聚了在国内外装备制造领域中享有盛誉和影响力、致力于大型装备制造与服务的北京市国资委下属一级企业——北京京城机电控股有限责任公司、致力于中国机器人应用技术产业发展的安川首钢机器人有限公司等多家高新技术企业，形成智能制造产业优质资源聚集，吸引了智能制造、新能源、高端装备制造等多个国家战略性新兴产业企业入驻。同时园区经过多年运营已成功搭建中试检测、产业合作、培训、园区运营以及企业孵化平台，并通过活动、论坛、产业对接等形式，实现智能制造及机器人产业资源聚集，在智能制造及机器人产业初具影响力。

园区聚集国内外机器人领域权威专家与知名学者，组建专家智库。聘请权威专家，研判智能制造与机器人产业发展趋势，筹划未来智能制造及机器人技术研发、产业发展方向，推动智能制造及机器人产业聚集，为打通产业链提供支撑，为政府决策提供帮助；并利用已有资源聚集国内外智能制造及机器人领域优秀的技术专业人才，针对智能制造及机器人关键共性技术，开展课题研究，以共性技术瓶颈的突破带动机器人行业技术发展。

亦创国际会展中心多次举办世界 5G 大会、世界机器人大会、世界显示产业创新发展大会、中国科协年会、世界集成电路大会、光电子产业博览会、全球无人机应用和防控大会、智能网联车技术年会、自主可控计算机大会等，吸引了大批高新科技企业和相关上下游企业参展，为园区和经开区引进先导发展的高新和创新型企业提供了有利条件，并且也为经开区产业和园区企业提供了很好的展示交流平台，有效推动经开区和园区的产业聚集。

园区依托"世界机器人大会永久会址"的品牌效应，之后举办多场"亦同携手 创新未来"主题活动，通过智能机器人产品、技术、零部件展示和应用交流以及项目路演活动展示服务机器人技术研发创新成果，为相关企业搭建技术产品的展示交流、合作平台。同时，作为世界机器人大会永久会址，园内的亦创国际会展中心成为北京经开区内首个达到国际标准的综合性专业会展中心、北京南部地区首个按绿色星级标准设计建设的大型展览场地、北京首个通过厂房改造方式建成国际标准展馆的工程项目。北京亦创国际会展中心先后获得全国会展优秀场馆新秀奖、中国会展标准性场馆奖，并且是中国会展企业家俱乐部的核心发起单位。

（四）项目更新模式总结

亦创智能机器人创新园的更新模式以功能更新为主导，实现了从旧有空间到现代化创新园区的转变。在改造过程中，园区基本保留了原有建筑物的主体结构，既尊重了历史，又减少了不必要的拆除，实现了资源的最大化利用。

在功能更新方面，园区对房屋性能进行全面升级。通过引入先进的设施与技术，提升了建筑的节能性、安全性与舒适性，为入驻企业提供高品质的工作空间。同时，园区还根据现代产业的发展需求，重新规划了空间布局，设置了会展交易、设计研发、试验检测等多个功能区，为入驻企业提供了全方位、高品质的服务。

综上所述，这种更新模式不仅实现了从旧工业区到现代化创新园区功能的升级和更新，还保留了独特的工业风貌，为城市的文化传承与产业发展注入了新的活力。

二、ABB产业公园项目

（一）项目基本情况

ABB产业公园项目位于北京经开区康定街17号，占地面积1.84万平方米，建筑面积2.5万平方米。在北京经开区管委会的支持与指导下，城市更新公司积极参与地块在建工程项目的法拍竞买，并于2022年成功取得该项目。项目旨在通过城市更新手段，推动园区绿色化、智能化发展，实现产业升级与城市功能的深度融合，打造绿色智慧园区。

(二) 项目城市更新改造情况

1. 智慧园区建设

智慧化是城市更新的重要方向之一。项目充分利用物联网、大数据、人工智能等现代信息技术,构建智慧园区管理系统。通过实时监测、预警和分析,实现了对园区内各项设施设备的智能化管理和运维,提升了园区的智慧化水平和园区的运营效率以及管理水平,为经开区乃至整个城市的智慧化发展提供了有益的探索和示范。

2. 产业优化升级

在产城融合背景下的城市更新过程中,项目通过引入符合经开区产业发展方向的高新技术企业和产业项目,实现了园区产业结构的优化调整。

3. 城市功能完善与提升

在产城融合的背景下,项目还注重城市功能的完善与提升。项目通过建设智慧园区管理系统、优化园区交通网络、完善公共服务设施等措施,有效提升了园区的城市功能和服务水平。这些措施不仅为园区内的企业和员工提供了更加便捷、高效的服务,还增强了园区的吸引力和凝聚力,加快了区域城市化的进程。

4. 绿色低碳理念

在改造过程中,项目始终坚持绿色低碳理念,深入挖掘节能降碳更新改造潜力。通过采用先进的节能技术和材料,优化建筑设计和能源管理系统,实现了能源的高效利用和碳排放的大幅降低。

(三) 项目实施成效

1. 绿色化成效显著

通过实施绿色低碳改造,项目在能源利用和碳排放方面取得了显著成效。据初步统计,改造后的园区能耗降低了约30%,碳排放减少了约20%,有效推动了经开区绿色制造体系的建设和发展。

2. 智慧化水平提升

智慧园区管理系统的建设和应用使园区的智慧化水平得到了显著提升。通过实时监测和预警,园区能够及时发现和处理各类安全隐患和故障问题,保障园区的安全稳定运行。同时,智能化的管理和运维也提高了园区的运营效率和服务质量。

3. 产业优化升级成效明显

随着改造的深入进行,园区的产业结构得到了优化调整。高新技术企业和产业项目的引入,不仅提升了园区的整体竞争力和可持续发展能力,还为经开区带来了更多的经济增长点和就业机会。

三、京东贝光电产业园项目

(一)项目基本情况

京东贝光电产业园项目位于北京经开区科创十街18号院,占地面积4.9万平方米,总建筑面积7.3万平方米,用地性质为工业用地。项目原本可能是一块低效利用的工业用地,但通过城市更新,它成功转型升级为光电新材料专业园区。截至2024年9月,园区注册企业57家,产业集聚度达到86.2%。园区致力于构建高效、智能的供应链体系,打造以光电新材料及芯片设计为核心的"一芯一屏"供应链光电产业园。

(二)项目城市更新改造情况

北京经开区管委会制定了详细的更新规划和政策文件,明确更新目标、任务和时间表。这些政策文件不仅为更新改造提供了科学依据,还通过税收优惠、资金扶持、人才引进等政策措施,为高新技术企业和人才提供更好的发展环境。政府鼓励金融机构、社会资本等积极参与项目改造，拓宽了资金来源渠道，形成了政府、企业和社会资本共同参与的合力。

北京经开区京东贝光电产业园项目通过引入光电新材料及芯片设计等高新技术企业和产业项目，实现了园区产业结构的优化升级。通过更新改造，园区成功吸引了大量高新技术企业和人才入驻，形成了以光电新材料及芯片设计为核心的产业集群，进一步提升了园区的产业集聚效应。

项目对原有工业用地进行重新规划和设计，优化园区布局，提升土地利用效率。同时，完善基础设施和公共服务设施，如道路、绿化、照明、停车场等，提升园区的整体环境和服务水平。

在更新改造过程中，项目也注重绿色生态理念的应用和智慧化建设。采用环保材料和节能技术，降低能耗和排放；引入智慧化管理系统，提高园区的运营效率和管理水平。

（三）项目实施成效

1. 产业集聚效应显著

截至2024年9月，园区已注册企业57家，产业集聚度达到86.2%，形成了以光电新材料及芯片设计为核心的产业集群，提升了园区的整体竞争力和可持续发展能力。

2. 经济与社会效益提升

项目成功吸引了大量高新技术企业和人才入驻，为经开区带来了更多的经济增长点和就业机会。园区内的企业数量实现了快速增长，为经开区创造了可观的经济效益。另外，该项目还促进了区域城市功能的完善与提升，增强了园区的吸引力和凝聚力。通过优化园区环境和提升服务水平，提高了企业和员工的满意度和幸福感。

3. 环境效益突出

改造过程中注重绿色生态理念的应用，降低了能耗和碳排放，为经开区乃至整个城市的可持续发展作出了积极贡献。园区内的绿化和美化工程提升了区域的生态环境质量。

四、园区类城市更新模式总结

以亦创智能机器人创新园、ABB产业公园项目、京东贝光电产业园为代表的园区类更新项目，通过一系列创新举措，实现了产业升级与城市功能的深度融合。

这些园区类城市更新项目，首先注重产业的转型升级。亦创智能机器人创新园通过改造传统制造厂房，引入智能制造产业，形成集会展交易、设计研发、试验检测等功能于一体的创新园区。ABB产业公园项目则秉持绿色、智能理念，推动产业高端化、智能化发展，成为区域产业升级的标杆。京东贝光电产业园则依托龙头企业的带动作用，吸引上下游企业聚集，形成完整的产业链生态。

在产业升级的同时，这些项目还注重城市功能的完善。通过优化园区空间布局、提升公共服务设施水平，打造宜居宜业的城市环境。亦创智能机器人创新园保留了原有的工业遗产，融入现代设计理念，形成独特的园区风貌。ABB产业公园项目则注重与周边城市空间的融合，打造开放、共享的公共空间，提升城市活力。

综上所述，在产城融合背景下，园区类城市更新项目通过产业升级与城市功能完善，实现了产业与城市的深度融合。这些项目不仅提升了园区的产业竞争力，还为周边居民提供了更加优质的生活环境，为经开区乃至整个城市的可持续发展注入了新的活力。

第二节 工业厂房拆除重建项目类城市更新实践

随着城市化进程的不断推进，老旧工业区已经严重影响城市居民的生活质量和城市形象,同时也不适应现代产业的发展需求。因此,对城市中已经不适应现代化城市生活的工业区进行必要的、有计划的改建活动,即工业厂房拆除重建城市更新项目,成为提升城市形象和竞争力的重要手段。

一、典型城市更新工业项目调研情况

(一) 典型项目基本情况

根据课题组在2022年9—11月开展的经开区城市更新调研项目结果,在30个已获批准的典型城市更新工业项目中,17个原为经开区管委会批准的经营性工业园或特色产业园项目;另有天骥智谷项目原为可对外销售的工业房地产开发项目;剩余的12个项目虽然原为带项目入区的工业项目,但其中有10个项目因各种原因已发生产权人变更。12个原为带项目入区的工业项目产权情况如表4-1所示。

表4-1 12个原为带项目入区的工业项目产权情况汇总

序号	项目名称	相关情况说明
1	60M1地块项目(原三洋能源)	原为诺基亚上下游生产基地,因环保等问题已经停产并整体外迁,后被现产权人(北京亦庄城市更新有限公司)购入。
2	6M8地块项目(原GE航卫)	原为航卫通用电气医疗系统有限公司研发用房,现研发部门已迁入新址,后被现产权人(北京亦庄城市更新有限公司)购入。
3	原欧文托普项目	原欧文托普项目生产基地,已经停产并整体外迁,后被现产权人(北京亦庄城市更新有限公司)购入。
4	原乐天包装项目	原乐天包装项目,现已经停产并整体外迁,后被现产权人(北京亦庄城市更新有限公司)购入。
5	STAR NET健康智谷(原安姆科项目)	原安姆科项目,因环保等问题已经停产并整体外迁,后被现产权人(北京亦庄城市更新有限公司)购入。
6	天空之境·产业广场(原达涅利项目)	原达涅利项目,已经停产并整体外迁,后被现产权人(北京亦庄城市更新有限公司)购入。

续表

序号	项目名称	相关情况说明
7	鸿坤云时代	原云狐时代科技公司基地,后被现产权人(北京亦庄京芯园投资发展有限公司)购入。
8	鸿坤生物医药园	西曼国际服饰的停工工程,后被现产权人(北京牵煌擎苍科技有限公司)购入。
9	京蒙科创产业园	原为草原兴发公司用房,后被现产权人(赤峰市城市建设投资(集团)有限公司)购入。
10	亦创高科生物医药园	原为悦康药业生产基地,产权人现变更为亦创高科(北京)科技有限公司。
11	赛蒂智能制造产业园	原赛蒂服装生产基地,产权人未发生变更。
12	润生二期(马驹桥)	原润生食品生产基地,产权人未发生变更。

根据本次调研结果,在 30 个已获批准的典型城市更新工业项目中仅有 4 个项目以拆除重建方式进行更新,其余的 26 个项目均为现状更新。4 个拆除重建项目基本情况如表 4-2 所示。

表 4-2 四个拆除重建的项目基本情况汇总

序号	项目名称	重建建筑面积(万平方米)	规划容积率
1	天空之境·产业广场(原达涅利项目)	9.76	4.65
2	STAR NET 健康智谷(原安姆科项目)	2.39	2.69
3	润生二期(马驹桥)	6.48	4.50
4	京蒙科创产业园	6.50	3.69

(二)城市更新后的容积率情况

根据本次调研结果,30 个已获批准的典型城市更新工业项目总建筑规模已达 307.49 万平方米,占地达到 154.51 万平方米,约为目前经开区已盘活用地面积的 58%。从容积率来看,30 个已获批准的典型城市更新工业项目的平均容积率为 2.0。具体到各项目,其中,有 6 个项目的容积率小于 1.0,

有2个项目的容积率在1.0~1.5,有11个项目在1.5~2.0;容积率大于等于2.0的有11个项目,其中4个拆除重建的项目的规划容积率最低达到2.69,着力打造城市有机更新、工业上楼"标杆示范园区"的天空之境·产业广场(原达涅利)项目的规划容积率最高,为4.65,相关分类如图4-1所示。

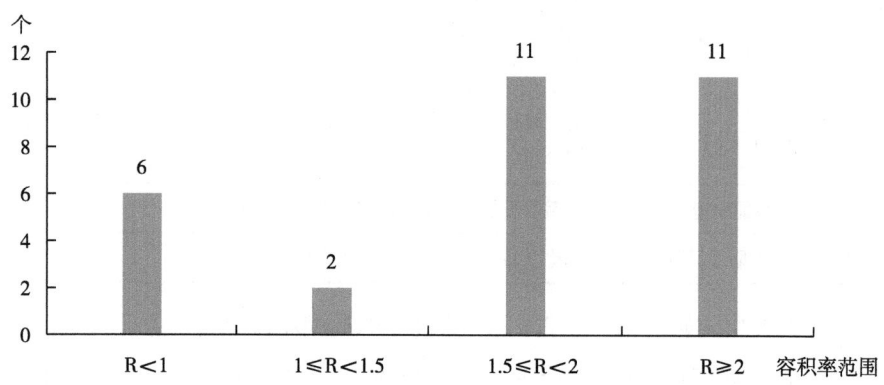

图4-1 30个典型城市更新工业项目容积率分类分布

（三）典型项目城市更新后的项目实施主体变化情况

根据本次调研结果,由于30个已获批准的典型城市更新工业项目多为现状更新,城市更新前后的项目实施主体发生变化的仅有2个项目,具体如表4-3所示。

表4-3 城市更新后的项目实施主体变化说明

序号	项目名称	项目不动产权人	项目实施主体
1	京蒙科创产业园	赤峰市城市建设投资（集团）有限公司	北京恩科莱福科技有限公司
2	博大兴工业园	北京亦庄博润置业有限公司	北京亦庄城市更新有限公司

（四）典型项目的产业规划定位

目前,北京经开区已形成了以新一代信息技术、新能源汽车和智能网联汽车、生物医药和大健康、机器人和智能制造四大主导产业以及新兴产业为基础,涵盖32条产业链的高精尖产业发展格局。根据本次调研结果,结合北京经开区产业发展规划,30个已获批准的典型城市更新工业项目的产业规划定位明确,具体如图4-2所示。

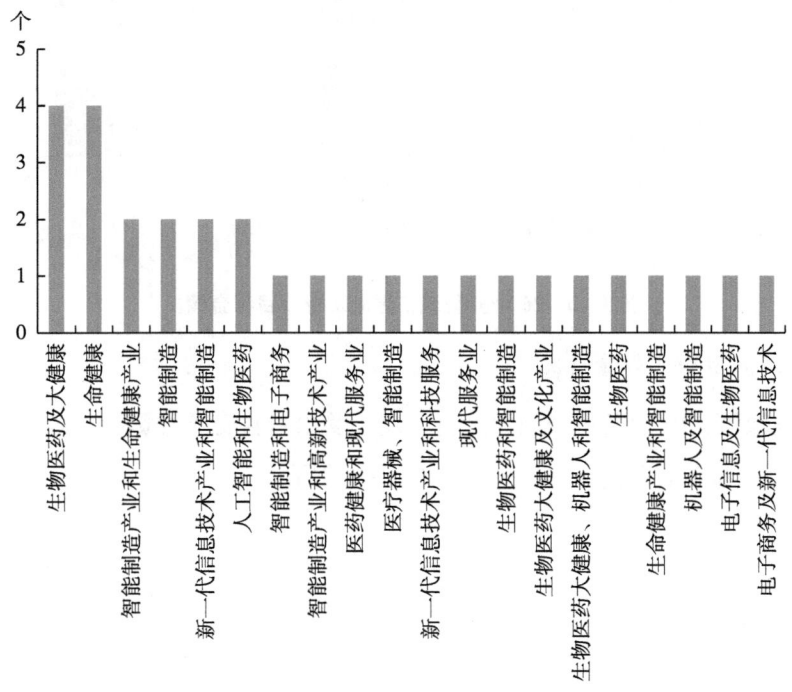

图4-2 30个典型城市更新工业项目产业规划情况

(五)典型项目运营情况

1. 租金情况

根据此项内容调查问卷分析发现,从租金水平来看,26个已获批准的典型城市更新工业项目平均租金为2.84元/平方米·天。因各项目自身条件及所在区域各有不同,各区域租金水平存在差异,具体情况如图4-3所示。

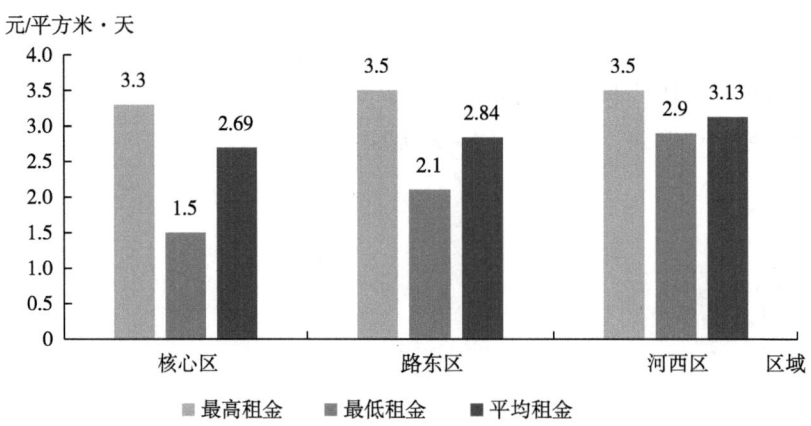

图4-3　26个典型城市更新工业项目租金情况

2. 入驻企业数量情况

根据此项内容的调查问卷分析发现，受项目自身条件影响，各项目入驻企业数量各有不同，具体分析如图4-4所示。

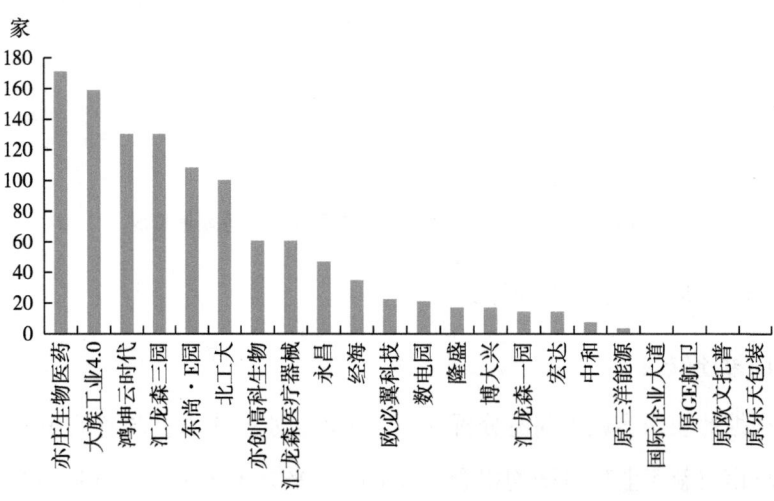

图4-4　22个典型城市更新工业项目入驻企业情况

3. 入驻企业产业方向

各园区的入驻企业的产业方向虽然各有不同,但基本与项目产业规划定位一致,具体分析如表 4-4 所示。

表 4-4 12 个城市更新项目入驻企业产业方向对比

园区名称	园区产业规划定位	入驻企业产业方向
北京经开·国际企业大道	新一代信息技术产业和科技服务	商务服务业
北京经开·北工大软件园	新一代信息技术产业和智能制造	智能制造和电子商务
鸿坤云时代	电子商务及新一代信息技术	新一代信息技术、电子商务、其他
亦创高科生物医药产业园	生物医药及大健康	医药研发生产、新材料、智能制造
经海产业园	电子信息及生物医药	生物医药、电子信息、其他
东尚互联网创新园	生物医药大健康及文化产业	生物医药、文创
欧必翼互联网创新园	智能制造	智能制造、生物医药
北京经开电子商务创新园(数电园)	智能制造和电子商务	智能制造和电子商务
北京经开·隆盛工业园	生物医药和智能制造	生物医药和智能制造
大族工业4.0创新园	生物医药大健康、机器人和智能制造	智能制造装备和机器人

4. 更新前后营收与纳税变化情况

根据调研分析得知,虽然受疫情及其他多种因素影响,更新前后这 7 个项目的营收与纳税基本保持平稳。

二、"STAR NET 健康智谷"(原安姆科项目)

(一)项目基本情况

位于北京经开区核心区隆庆街 10 号的在建项目"健康智谷·产业

公园",原为安姆科软包装印刷基地,占地面积不足1万平方米,容积率仅为0.66,因空气重污染等环保问题已经停产并整体外迁,后被作为经开区国有平台公司的现产权人(北京亦庄城市更新有限公司)盘活回购(见图4–5)。

图4–5 "STAR NET 健康智谷"改造前后对比

(二)项目城市更新改造情况

通过城市更新,新建的"STAR NET 健康智谷"项目地上地下总面积将达到2.4万平方米,大大提高了土地的利用效率,实现了土地资源的优化配置,在有限的土地上创造了更多的产业空间。

(三)项目实施成效

项目打破了传统园区的封闭模式,打开围墙,打造多层次开放街区,与城市共享绿地景观,塑造了开放共享、活力宜人的园区空间,改善了区域的环境，提升了城市的形象和吸引力，为人们提供了更加舒适、便捷的工作和生活环境。

充分挖掘园区地下空间价值，打造功能复合的地下空间，同时合理拓展工业用地功能边界，补充区域配套设施，如商业、餐饮、休闲等，完善了城市的功能布局，满足了人们多样化的需求。

"STAR NET健康智谷"项目不仅提供了中试生产、研发试验及辅助用房等产业发展空间，还通过合理拓展工业用地功能边界，补充区域配套设施，完善城市功能，如打造多层次开放街区，与城市共享开放绿地景观等，实现了产业功能与城市生活、生态功能的有机结合，使园区与城市相互融合、相互促进。

项目在设计上充分考虑了人、车、货的流动，每三层为企业设置一个垂直交通单元，实现人—车—货独立分行、高效运转，这不仅有利于园区内企业的生产运营，也减少了对周边城市交通的干扰，提升了区域的交通效率，进一步促进了产城融合。

项目建成后吸引生物技术和大健康产业的旗舰企业落户，它们进行研发中试，实现产业化，这些企业的发展壮大将带动上下游相关产业集聚，形成完整的产业链条，为城市创造更多的就业机会和经济增长点，推动区域经济的繁荣发展，实现产业与城市的协同发展。

（四）项目特点

（1）产业聚焦。专注于生物技术和大健康产业，为相关企业提供中试生产、研发试验及辅助用房等专业空间，有利于形成产业集聚效应，促进企业之间的交流与合作，推动产业的快速发展，打造具有竞争力的产业集群。

（2）高效空间利用。通过合理规划和设计，实现了地上和地下空间的充分利用，在较小的地块上创造了较大的产业承载空间，同时通过设置独立大堂和垂直客货流线，以及净污分流等措施，提高了空间的使用效率和运营效率，满足了企业的多样化需求。

（3）创新发展模式。项目体现了经开区在城市更新中的创新探索。项目采用了政府引导、企业参与、市场化运作的模式，充分发挥各方的优势，共同推动项目的实施和发展。此外，项目还注重引入先进的管理理念和运营模式，为企业提供全方位的服务和支持，助力企业成长壮大。

（4）可持续发展。在项目建设和运营过程中，注重环境保护和资源节约，采用绿色建筑材料和节能技术，减少能源消耗和环境污染。同时，项目的产业定位也符合中央和地方的产业政策导向，项目具有良好的发展前景和可持续性，能够为区域经济的长期稳定发展作出贡献。

三、"天空之境·产业广场"（原达涅利项目）

（一）项目基本情况

项目所在的景园街 8 号地处北京经开区的核心区，占地面积 2.1 万平方米。2015 年以前为意大利企业达涅利的冶金设备生产基地，原建筑面积 1.45 万平方米，容积率仅为 0.79。2015 年企业搬离后长期空置。在经开区管委会统筹下，北京亦庄城市更新有限公司于 2019 年完成回购，并以拆除重建方式进行城市更新（见图 4-6）。

（二）项目城市更新改造情况

原冶金设备生产基地的建筑布局和空间利用效率较低，通过拆除重建的方式，对空间进行重新规划和设计，新建了总建筑面积 9.8 万平方米的产业广场，大大提高了土地的利用效率和空间的承载能力，实现了土地资源的优化配置。

在更新过程中，注重园区环境的打造，增加了绿化面积，改善了园区的生态环境。同时，对建筑外观和园区整体风貌进行统一设计和改造，使其与周边城市环境相协调，提升了城市形象。

图 4-6 "天空之境·产业广场"改造前后对比

除了产业功能的升级外,还补充了一系列城市配套设施,如公共服务设施、文化娱乐设施等,完善了城市的功能布局,满足了人们多样化的生活需求,提升了城市的整体活力。

(三) 项目实施成效

2019 年 5 月,自然资源部发布《产业用地政策实施工作指引 (2019 年版)》,鼓励经开区、产业集聚区规划建设多层工业厂房,推动提升存量空间的利用效率,使企业的生产、设计、研发等多个环节不再受制于空间。在北京市尚无先例可循的情况下,经开区勇于创新、先行先试,支持、引导北京亦庄城市更新有限公司积极对接外部资源,主动探索"工业上楼"模式,将建筑面积由原来的 1.45 万平方米扩展到 9.3 万平方米,实现了工业项目容积率 3.5 的突破,将空间利用率提升了超过五倍。

通过了解医疗器械企业需求，"天空之境·产业广场"项目以高标准强化"研发+生产+办公"的一体化生产模式，采用模块化设计，单层面积约8000平方米，最小单元约2000平方米，标准层层高6米，承重达到了800千克/平方米，可以满足医疗器械领域企业的特殊工艺需求、容纳各种生产的可能性，实现产品设计与产线工艺的高度匹配。

为了方便产业上楼，项目在园区每三层为企业设置一个垂直交通单元，通过科学规划交通流线，形成独立的货运、客运交通系统，实现人、车、货、设备的独立分行、高效运转。同时，项目预留吊装口，配置大型全天候卸货平台，配备多台大型载重客梯，方便企业运送设备仪器、材料及产品等，满足各种大型研发、生产设备的需求，全方位解决工业上楼的垂直交通问题。

在产城融合发展、共建和谐宜居城市的大环境下，作为北京首个绿色、智能、国际化的"摩天工厂"，"天空之境·产业广场"项目在设计之初，就明确提出了构建"生产+生活+生态"三生一体的产业社区理念，充分切合经开区绿色、低密度发展要求，秉承绿色低碳的建设理念，利用拆除的废弃物制作环保建材，实现建筑垃圾的循环利用；同时，利用原厂区拆除的构筑物打造特色景观、实现工业遗迹留存，打造产业要素与城市协同发展的新型产业集聚区。

项目在首层和地下一层融入了几千平方米的生活配套、共享服务、社区配套功能，如商业、餐饮、休闲娱乐等设施，满足园区内部科研、生产人员的日常生活需求，同时也辐射城市周边邻里社区，实现了产业与生活的有机结合，使园区不仅是一个生产场所，而且是一个充满活力的社区。

通过合理的规划设计，优化了园区内的交通流线，实现了人、车、货的高效分流，提高了交通效率。此外，还打造了多层次的公共空间和绿化景观，为人们提供舒适、宜人的工作和生活环境，增加了园区与城市的融合度。

项目建成后吸引了众多生物技术和大健康等领域的企业入驻,这些企业的发展壮大带来了大量的就业机会,吸引了大量的人才集聚。人口的增加又进一步促进了周边商业、服务业等消费市场的繁荣,形成了产业与城市相互促进、协同发展的良好局面,推动了区域经济的增长和城市功能的完善。

预计到2025年建成并投入使用后,"天空之境·产业广场"项目将吸引20余家医疗器械企业入驻,实现产值超过8亿元。

四、火箭大街项目(原雪莲羊绒公司生产基地)

(一)项目基本情况

"北京火箭大街"项目位于北京市亦庄新城空天街区,地处北京亦庄规划空天街区的核心节点,原为北京雪莲羊绒有限公司生产基地。2023年,北京亦庄星箭科技产业发展有限公司完成该项目回购,以拆除重建方式进行城市更新。

该项目占地面积6.35万平方米,总建筑面积14.6万平方米,是北京市、经开区两级重点项目。该项目将围绕"聚产业、落场景、造生态"等重点环节,建设共性技术平台、高端制造中心、创新研发中心、科技互动展厅,打造全国首个商业航天共性科研生产基地。项目于2024年正式启动建设,预计将于2025年底全面竣工并投入使用(见图4-7)。

(二)项目城市更新改造情况

1. 共性技术平台建设

项目共建设了1万余平方米的共性技术平台,为商业航天企业提供静力、分离、3D打印等十余项试验及共享制造服务。这一平台的建立,不仅降低了企业的研发成本,还促进了技术交流与共享,推动了商业航天技术的快速发展。

图 4-7 火箭大街项目示意图

2. 高端制造中心建设

项目中的高端制造中心包括两栋多层生产厂房,总建筑面积达 8.2 万平方米。这些厂房能够满足关键部组件、控制系统、卫星终端制造等企业的生产需求,为商业航天产业的发展提供了坚实的制造基础。

3. 创新研发中心建设

创新研发中心由三栋多层生产研发楼组成,总建筑面积 2.1 万平方米。这些研发楼不仅可作为企业总部使用,还整合了企业生产、研发、办公等综合需求,为商业航天企业提供了良好的研发环境。

4. 科技互动展厅

科技互动展厅建筑面积 3300 平方米,设置了航天科普教育基地和航天科技体验中心。通过虚拟现实技术,参观者可以身临其境地体验航天科技的魅力。

(三) 项目实施成效

1. 产业集聚效应显著

"北京火箭大街"项目的建成吸引了大量商业航天企业入驻,形成了产业集聚效应。这些企业的入驻不仅带动了区域经济的快速增长,还促进了产业链上下游企业的协同发展。

2. 技术创新成果丰硕

共性技术平台的建立和高端制造中心的建设为商业航天企业提供了良好的研发和生产环境。在这一平台上，企业可以开展新技术研发、产品测试等工作，推动了商业航天技术的不断创新和突破。

3. 人才培养与科普教育

科技互动展厅的设置不仅提升了公众的航天科技素养，还为青少年提供了培养航天兴趣和探索精神的平台。这一举措不仅有助于培养未来的航天人才，还推动了航天科普教育的普及与发展。

4. 经济效益与社会效益双丰收

"北京火箭大街"项目的实施不仅带来了显著的经济效益，如增加税收、扩大就业等，还产生了良好的社会效益。项目的成功建设不仅提升了经开区的整体形象，还推动了区域经济的可持续发展。

5. 示范引领作用突出

"北京火箭大街"项目的成功实施为经开区乃至北京市的城市更新改造提供了有益的借鉴和参考。这一项目的成功经验和做法可以推广到其他区域和行业，推动城市更新改造工作的深入开展。

（四）项目更新模式

"北京火箭大街"项目的城市更新模式，是在产城融合的大背景下，以产业升级为核心驱动力，推动区域经济发展的典范。该项目聚焦产业的集聚与升级，实现了产业与城市功能的有机结合。

在项目实施过程中，经开区充分利用存量土地资源，通过城市更新2.0模式，盘活低效用地，为商业航天产业的发展提供了充足的空间。同时，项目围绕国家战略需要和经开区主导产业发展方向，以促进创新要素和产业资源精准衔接为目标，助力经开区培育发展新质生产力。

"北京火箭大街"项目的成功，得益于其独特的城市更新策略。一方面，项目通过建设共性技术平台、高端制造中心等设施，吸引了大量商业航天企业入驻，形成了产业集聚效应。另一方面，项目还注重与周边城市空间的融合，通过优化城市空间布局和功能分区，提高了城市的吸引力和竞争力。

此外，项目还积极搭建企业与政府之间的桥梁，促进产业链上中下游的对接与资源配置优化。这不仅降低了产业链上企业的运营成本，还提高了整个产业链的协同效率。

综上所述，"北京火箭大街"项目的城市更新模式，是在产城融合的大背景下，以产业升级为核心，通过盘活存量土地、优化城市空间布局和功能分区、促进产业链协同等方式，实现产业与城市功能的深度融合。这一模式不仅为经开区带来了显著的经济效益和社会效益，还为其他地区的城市更新工作提供了有益的借鉴和参考。

五、工业厂房拆除重建项目类城市更新模式总结

与园区类城市更新实践形成了鲜明的对比，工业厂房拆除重建类的城市更新实践主要聚焦旧有工业厂房的拆除与全新建设，旨在通过空间重构和功能升级，推动产业升级和城市发展。

"STAR NET健康智谷"项目原为安姆科软包装印刷基地，通过拆除重建的方式，建筑面积大幅提升，土地利用效能得到极大提升。项目通过"工业上楼"的实践，探索出一条解决空间短缺问题、实现城市功能和产业升级之间协调融合的有效途径。这种更新模式不仅满足了生物医药类企业的特殊工艺要求，还吸引了生命健康领域的龙头企业入驻，实现了以"寸土"生"斗金"的目标。

"天空之境·产业广场"则是通过拆除原有的低效工业厂房，建设一座现代化的摩天工厂。该广场不仅实现了建筑面积的大幅增加，还通过装配式混凝土结构等先进技术，满足了高端智能制造企业的研发生产一体化

需求。同时，园区内配备的高效交通系统和混合立体化功能布局，推动了产业生产方式和创新互动关系的变革。

"北京火箭大街"项目原为北京雪莲羊绒有限公司生产基地，占地面积较大。通过拆除重建打造全国首个商业航天共性科研生产基地，为商业航天企业提供新技术研发及应用场景拓展等全方位支撑保障，实现了土地资源的高效利用，也推动了商业航天产业的集聚和发展，为经开区乃至北京市的商业航天产业注入新的活力。

综上所述，工业厂房拆除重建类的城市更新实践，主要是拆除旧有低效的工业厂房，全新规划和建设，以满足现代产业的发展需求。与园区类城市更新实践相比，此类更新更加侧重于空间的重构和功能的全面升级，通过高效的土地利用和先进的技术手段，推动产业的集聚和升级，为城市的可持续发展注入新的活力。同时，此类更新更加注重与周边城市空间的融合，通过优化交通系统、完善公共服务设施等方式，打造宜居宜业的城市环境。

第三节 综合类城市更新实践

根据《深圳经济特区城市更新条例》，综合整治类城市更新（可视为综合类城市更新的一种具体形式）指在维持现有建设格局基本不变的前提下，对建成区进行重新完善的活动。这一定义强调了在不改变整体建设格局的基础上，通过一系列措施来提升和优化城市空间和环境。综合类城市更新项目通常涉及多个领域，如产业升级、空间优化、文化传承、环境保护等。更新的目标不仅是提升城市空间利用效率或改善城市环境，还包括促进产业发展、增强文化内涵、提升居民生活质量等多个方面。这些目标相互关联、相互促进，共同推动城市的全面发展。

一、星海产业园城市更新项目

（一）典型项目基本情况

星海产业园项目位于北京经开区科创五街 8 号，占地面积达到 18 万平方米，总建筑面积为 13.2 万平方米。该园区是星海集团乐器制造与文化传承的重要基地。作为北京星海钢琴集团有限公司（星海集团）的配套楼宇，园区内的综合厂房等建筑曾是乐器生产线的重要载体，见证了中国乐器行业的发展历程。随着时代的发展，星海产业园面临着产业升级与城市更新的双重挑战。在产城融合的大背景下，项目团队启动了星海产业园城市更新项目，旨在将该园区打造成为集高端制造、研发基地、综合办公于一体的智慧园区，实现产业升级、空间优化和职住平衡。在为经开区提供产业落地空间的同时，不断提升园区品质和文化氛围，全面升级园区，助力经开区科文融合政策落地。该项目是北京市经开区产业园区改造提升的综合类城市更新项目。

（二）项目城市更新改造情况

为落实北京市委市政府的城市更新计划及决策部署，结合上位规划、产业定位、功能需求，优化更新了全园的功能布局、交通组织、景观绿化、立面效果，园区的品质得以整体提升。破茧重生后的星海产业园延续原有布局，使星海人 20 年的积淀和记忆得以接续。在产业落地的同时，通过建设乐器博物馆、乐器大师工坊、高端钢琴组装展示线等功能区域，提升园区品质和文化氛围，融合星海文化基因与经开区科创产业，形成文化与科技互相促进、互相融合发展的模式，助力经开区科文融合政策落地，将星海产业园打造成为集"高端制造、研发基地、综合办公"于一体的智慧园区。

1. 产业升级与空间重构

星海产业园城市更新项目首先对园区内的产业结构进行深度剖析和优

化调整。通过引进高精尖制造和"专精特新"企业，园区实现了从传统乐器制造向智能制造、绿色制造的转型升级。同时，项目团队对园区空间进行科学规划，拆除了部分老旧建筑，新建了现代化厂房、研发中心和综合办公楼，形成了全新的生产展示平台。这些措施不仅提升了园区的产业竞争力，还为入园企业提供了优质的生产环境和研发条件。同时，通过优化交通组织，园区内部交通流线更加流畅，提高了交通效率与安全性，为入园企业和员工提供了更加便捷、高效的出行环境。

2. 文化传承与功能拓展

作为新中国第一家乐器工厂，星海集团拥有深厚的文化底蕴。在城市更新产业落地的同时，项目团队充分尊重和保护园区的历史文化，并结合园区未来的发展需求对原有布局进行合理调整与优化，提升文化氛围。通过设立乐器研发制造基地、举办文化展览等方式，展示了星海集团的历史沿革、制作工艺和乐器文化。同时，园区还融入了乐器博物馆、乐器大师工坊、高端钢琴组装展示线等功能区域，不仅提升了园区的文化内涵，还为公众提供了了解中国乐器历史和文化的重要平台，使园区实现了从传统乐器制造向高端制造、研发基地、综合办公等集多功能于一体的智慧园区转型，丰富了园区的文化内涵与公共服务功能，还为入园企业提供了更加多元、丰富的文化体验与交流机会。

3. 智慧园区与绿色建设

星海产业园城市更新项目还注重智慧园区和绿色建设的发展。通过引入现代信息技术，园区实现了安防、弱电等系统的全面升级，形成了智能化、信息化与高效化的管理体系，成功打造成为集高端制造、研发基地、综合办公于一体的智慧园区。这不仅提高了园区的管理效率与服务质量，还为入园企业提供了更加便捷、高效的运营环境。

同时，园区还采用了屋顶光伏发电、节能减排等措施，积极响应国家绿色发展的号召，为打造低碳环保的产业园区奠定了坚实基础。景观绿化方面,将生态与美观结合,通过引入多样化的植物种类与景观元素,打造出了具有层次感和立体感的绿化空间。这不仅提升了园区的生态环境质量,还为入园企业和员工提供了更加舒适、宜人的工作与生活环境。同时,通过对园区立面效果的精心设计与改造,园区整体形象得到了显著提升,展现了现代、时尚、科技的园区风貌。

(三) 项目实施成效

1. 产业升级成效显著

经过城市更新项目的实施,星海产业园的产业升级取得了显著成效。高精尖制造和"专精特新"企业的入驻为园区带来了新的经济增长点。同时,园区内的生产效率和产品质量得到了显著提升,为入园企业提供了更加优质的生产环境和研发条件。

2. 空间优化与功能完善

星海产业园城市更新项目通过空间优化和功能完善,提升了园区的整体形象和品质。现代化厂房、研发中心和综合办公楼的建成,为入园企业和员工提供了更加舒适、便捷的工作和生活环境。同时,乐器研发制造基地、乐器博物馆等功能区域的设立,也丰富了园区的文化内涵和公共服务功能。

3. 文化传承与社会影响

星海产业园城市更新项目在文化传承方面同样取得了显著成效。通过设立乐器研发制造基地、举办文化展览等方式,园区不仅展示了星海集团的历史沿革和乐器文化,还为公众提供了了解中国乐器历史和文化的重要平台。这些举措不仅提升了园区的文化内涵和知名度,也为传承和弘扬中华优秀传统文化作出了积极贡献。

在产城融合的大背景下,星海产业园综合类产城更新项目以其独特的文化视角和功能创新的实践,成功实现了从传统乐器制造园区向集高端制造、研发基地、综合办公于一体的智慧园区的转变。该项目不仅保留了星海人20年的积淀,而且在产业升级、空间优化、文化传承、功能布局、交通组织、景观绿化等方面进行全面优化,显著提升了园区的整体品质与环境。通过建设乐器博物馆、乐器大师工坊、高端钢琴组装展示线等功能区域,项目深度融合了星海文化基因与经开区科创产业,形成了文化与科技互相促进、互相融合的发展模式,为经开区科文融合政策的落地提供了有力支撑。同时,作为产城融合的典范,星海产业园还注重产业落地与公共服务的完善,为入园企业和员工提供了便捷、高效的工作与生活环境,推动了区域经济的可持续发展。这一综合类城市更新项目的成功实践,不仅为星海产业园的未来转型发展注入了强劲动力,也为北京市和其他城市更新项目提供了宝贵的经验与启示。

二、经开区地铁万源街站点周边片区城市更新项目

(一) 典型项目基本情况

该项目位于北京经开区地铁亦庄线万源街站周边,总用地规模约33万平方米,更新范围北起万源北小街、南至中和街,以宏达北路为骨架串联各更新项目(见图4-8)。通过完善服务、升级产业、提升空间等多措并举,实现了片区整体的产城融合、科文融合、空间融合。更新后的片区已成为北京经开区的"历史溯源地、产业新高地、网红打卡地",及具有亦庄特色的城市更新示范区。该项目在公共服务类更新方面,完成了4个项目,盘活土地约5万平方米,建筑规模约9万平方米,包括将"小红楼"整体保留改造为区史馆,"小白楼"原址原貌重建升级为政务服务综合体等。在产业升级方面,包含7个产业升级项目,共盘活产业用地约14万平方米,建筑规模约23万平方米,如原经济日报社印刷厂更新为北京智慧融媒创新中心等。此外,该项目还注重打造开放空间体系,以地铁站前广场为核心,将周边场地整体纳入进行一体化设计与管理,形成集疏散、休憩于一体的复合型开放空间(见图4-9)。

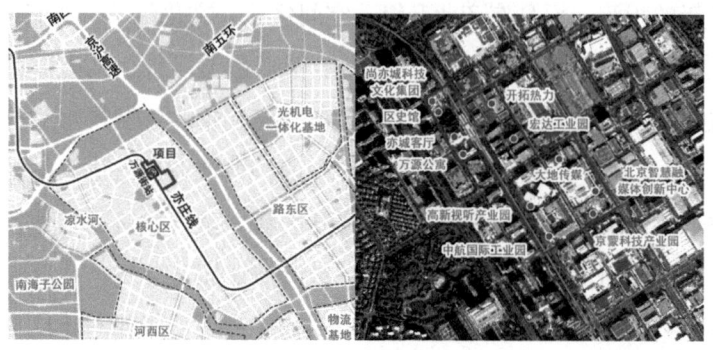

图4-8 项目区位

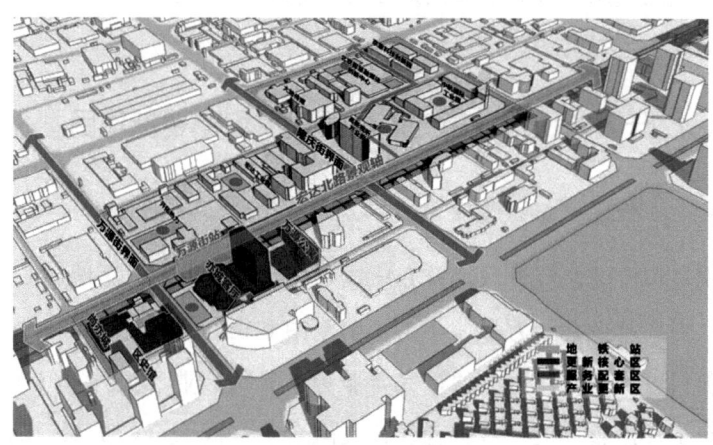

图4-9 地铁万源街站点周边更新改造示意图

(二) 项目城市更新改造情况

在该项目更新改造过程中,项目团队充分考虑了经开区的产业定位和功能需求,以地铁亦庄线万源街地铁站为核心,以宏达北路为开放空间骨架,通过完善服务、升级产业、提升空间等多措并举,进行复合性、系统性的更新。

1. 产业升级与空间重构

项目团队对片区内原有的低效停产工业用地进行更新改造,引入了多个产业升级项目,共盘活产业用地约14万平方米,建筑规模约23万平方米。这些产业升级项目不仅提升了片区的产业竞争力,还实现了产城融合,为经开区科文融合产业的发展提供了有力支撑。例如,原经济日报社印刷厂被更新为北京智慧融媒创新中心,成为经开区数字生态的新载体。

2. 公共服务设施的完善

项目团队还注重提升片区的公共服务水平,通过增设酒店、餐饮、银行网点等设施,为周边企业与就业人群提供更加便捷、高效的服务。同时,项目还完成了公共服务类更新项目4个,盘活土地约5万平方米,建筑规模约9万平方米。其中,"小红楼"被整体保留改造为区史馆,成为经开区历史文化展示的重要设施;"小白楼"则通过原址原貌重建的方式,升级成为新生代政务服务综合体。

3. 开放空间体系的打造

在更新改造过程中,项目团队还注重打造开放空间体系,以地铁站前广场为核心,将周边场地整体纳入进行一体化设计与管理,形成了集疏散、休憩于一体的复合型开放空间。同时,宏达南路被更新为区域性公共空间骨架,串联起沿线的开放空间,成为可赏、可游、可玩的景观大道。

(三)项目实施成效

1. 加强城市服务供给,实现产城融合

经开区地铁万源街站点周边片区城市更新项目在加强城市服务供给、实现产城融合方面取得了显著成效。通过城市更新与定向招商,片区引入了多个高质量的产业项目,如北京智慧融媒创新中心等,成为经开区科文融合产业高地。公共服务设施方面,完成了公共服务类更新项目4个,盘活了土地约5万平方米,建筑规模约9万平方米。这些设施包括区史馆、政务中心、融媒体中心等区级服务设施,以及酒店、餐饮、银行网点等商业服务设施。"小红楼"作为经开区管委会首个办公楼,被整体保留并改造为区史馆，补齐了经开区历史文化展示设施的短板，成为集历史展示中心、党员活动中心、文化交流中心于一体的新地标。

商业服务设施方面，片区内增设了一系列酒店、餐饮、银行网点等商业服务设施，为周边企业与就业人群提供了便利的服务，不仅提升了片区的商业氛围，还满足了居民和企业的多样化需求，提升了居民的生活质量，促进了片区的经济繁荣，增加了片区的宜居性和吸引力。

经过一系列更新改造，经开区地铁万源街站点周边片区已成为北京经开区的"历史溯源地、产业新高地、网红打卡地"和具有亦庄特色的城市更新示范区。该片区不仅保留了经开区早期的办公楼和产业园，还通过产业升级和公共服务设施的完善，实现了片区整体的产城融合，为片区带来了更多的就业机会和经济增长点，为经开区的发展注入了新的活力。

2. 文化与科技深度融合

在更新改造过程中，项目团队注重文化与科技的融合，通过建设区史馆、政务服务中心等设施，补齐了经开区历史文化展示设施的短板，提升了政务服务水平。同时，通过引入智慧融媒创新中心等科技产业项目，实现了文化与科技的互相促进，为经开区科文融合政策的落地提供了有力支撑。

通过城市更新与定向招商，片区已经成为了经开区科文融合产业高地。中国（北京）高新视听产业园为全国首个全产业链的国家级视听产业园，目前已入驻的高新视听企业达80余家，专业视听实验室有2个，形成技术、内容、服务和应用四方面协调发展、特色鲜明、聚集效应明显、产业链条完备的高端产业集群。原经济日报社印刷厂更新为北京智慧融媒创新中心，成为北京亦庄数字生态的新载体，也是北京首个以融媒体内容生产为链主聚合产业生态的数字化产业社区。

3. 空间布局优化与城市活力的提升

项目以地铁站为核心，将政务服务中心前广场与地铁站整体考虑，形成了集疏散、休憩于一体的复合型开放空间。宏达南路更新成为区域性公共空间骨架，串联起沿线的开放空间，成为可赏、可游、可玩的景观大道。地铁站前广场、宏达南路等开放空间成为市民休闲、游赏的重要场所，每年吸引大量游客前来打卡。同时，这些开放空间也为周边企业和居民提供了更加舒适、宜人的工作和生活环境。通过打造开放空间体系和景观一体化设计，为居民提供了更多的休闲娱乐场所和交流空间，经开区地铁万源街站点周边片区的空间布局得到了显著优化。

4. 促进职住平衡

职住平衡指居住功能与就业功能在一定规模的城市地域范围内的匹配状态。合理的职住关系有利于减少通勤量和城市交通拥堵，降低通勤时间，从而改善人们的出行体验和生活质量。随着城市化进程的加速，人口流动频繁，职住分离现象日益显著，这增加了居民的通勤成本，并对交通、环境造成负面影响。职住平衡是城市发展的重要组成部分。通过多元化住房供应、优化产业布局与就业结构、完善交通与基础设施、提升公共空间品质以及促进文化与历史传承等措施，可以有效地推动职住平衡的实现和城市更新的发展。

该项目为经开区引入了多个高质量的产业项目，如北京智慧融媒创新中心等，产业的集聚不仅提升了片区的产业竞争力，还吸引了大量高科技企业和人才，为居民提供了更多的就业岗位和收入来源。文化和公共服务设施的完善提升了片区的宜居性，为周边企业与就业人群提供了更加便捷、高效的服务。开放空间体系和景观一体化设计为居民提供了更加舒适、宜人的休闲娱乐的场所和居住、工作环境，这些都有助于帮助该区域实现职住平衡。

经开区地铁万源街站点周边片区城市更新项目在产城融合的大背景下成功地将一个曾经低效、陈旧的工业用地转变为一个充满活力、功能齐全的城市综合区。该项目通过细致的规划与设计，不仅通过引入智慧融媒、文化创意等新兴产业实现了产业升级，为区域经济发展注入了新动力，还极大地丰富了城市服务功能，完善了公共服务设施，提升了居民生活质量。同时，该项目注重开放空间的打造，以地铁站为核心，串联起周边场地，形成了集休闲、娱乐、文化于一体的复合型开放空间，增强了片区的吸引力和活力。这一系列举措不仅促进了产业与城市的深度融合，还实现了经济、社会、文化等多个方面的协调发展。作为北京经开区的重要城市更新实践，该项目以其独特的更新策略和显著的成效，为城市更新领域提供了宝贵的经验和启示。

三、综合类城市更新模式总结

综合类城市更新项目通常涉及产业升级、空间优化、文化传承、环境保护等多个领域，旨在实现城市的全面发展。以"星海产业园"为例，该项目不仅通过优化产业布局和资源配置，推动了产业的升级和集聚，还注重提升城市功能和公共服务水平，为北京经开区的高质量发展注入了新的动力。同时，星海产业园还保留了原有建筑物的历史记忆，通过功能更新和空间优化，实现了职住平衡、产城融合和可持续发展，为居民提供了更加优质的生活空间。

"经开区地铁万源街站点周边片区城市更新项目"则凸显了综合类城市更新的多维度特点。该项目以地铁站点为核心，通过完善服务、升级产业、提升空间等多措并举，进行复合性、系统性更新。更新后的片区不仅成为经开区的城市服务中心，还注重打造开放空间体系，将政务服务中心前广场与地铁站整体考虑，形成了集疏散、休憩于一体的复合型开放空间，大幅提升了站前景观品质。同时，该项目还注重文化传承和环境保护，通过保留和传承历史文化遗产，以及实施绿色建筑和生态修复等措施，提升了城市的文化内涵和生态环境质量。

与园区类和工业厂房拆除重建类城市更新相比，综合类城市更新实践更加注重多维度的融合与全面发展。此类更新不仅关注产业升级和经济发展，还致力于提升城市品质、增加文化内涵、改善生态环境和提升居民生活质量。通过实施多措并举的更新策略，综合类城市更新实践实现了产城融合、科文融合、空间融合和生态融合，为城市的可持续发展注入了新的活力。同时，此类更新更加注重与周边城市空间的融合和协调，通过优化交通系统、提升公共服务设施水平等方式，打造宜居宜业、和谐美丽的城市环境。

第四节　经开区城市更新实践总结

本章深入剖析了亦庄开发区在城市更新领域的多元化实践，通过细致分析园区类城市更新实践、工业厂房项目类城市更新实践以及综合类城市更新实践三类典型案例，揭示了亦庄在推动产城融合、促进城市转型升级方面的独特路径与创新模式。

园区类城市更新实践在亦庄开发区中占据了举足轻重的地位，园区类更新项目更注重整体生态智慧的提升与功能的复合升级，通过建设绿色建筑、推广清洁能源、实施雨水回收等环保措施，打造低碳、节能、环保的生态环境。同时，引入智能管理系统，实现园区内能源、交通、安防等方面的智能化管理，提高园区运营效率。通过增设公共服务设施、商业配套及休闲娱乐空间，实现功能的复合升级。这不仅满足了园区内企业和员工的多元化需求，还促进了人才的集聚与创新创业氛围的形成。园区类更新项目也侧重于产业生态的构建与升级，通过引入上下游产业链企业、搭建产学研合作平台等方式，形成产业集聚效应，推动园区内产业的协同发展。

工业厂房拆除重建项目主要聚焦旧有工业厂房的拆除与全新建设，首要任务是对城市空间进行重构，对拆除后的地块进行科学规划和合理布局，旨在通过空间重构和功能升级，推动产业升级和城市发展。

综合类城市更新实践是亦庄开发区城市更新中最为复杂也最具挑战性的类型。这类更新模式主要体现为居住、商业、公共服务等领域全方位融合与综合提升的系统性推进。通过优化土地利用结构、完善交通网络、提升公共空间品质等方式，实现不同功能区域之间的无缝衔接与互动。这不仅有助于提升城市的整体运营效率与生活质量，还能促进城市的多元化与包容性发展。

园区类城市更新实践、工业厂房拆除重建项目类城市更新实践、综合类城市更新实践，虽然各有侧重，但在实际操作和核心理念上存在诸多共同点。三类城市更新实践在目标上具有一致性，都旨在通过城市更新，推动产业升级、提升城市功能、优化空间布局，从而增强城市的竞争力和吸引力。首先，亦庄城市更新通过引入新兴产业，成功推动了多个产业的转型升级，不仅提升了亦庄的产业结构，还促进了区域经济增长。其次，城市更新实践通过建设现代化的商业设施、文化娱乐设施、公共服务设施等，完善城市功能，提升城市品质，为市民提供了更加便捷、舒适的生活环境；同时，亦庄还注重完善交通基础设施，加强区域间的互联互通，提高了城市的整体运行效率。再次，三类实践都强调在城市更新过程中，要注重环境保护和资源的合理利用，通过建设绿地公园、推广绿色建筑、实施节能减排等措施，亦庄的生态环境得到了显著改善，推动了城市的可持续发展。最后，亦庄通过拆除旧有建筑、整合土地资源、建设新的建筑群落等方式，城市空间得到了更加合理的利用，实现了空间布局的优化和重构。这种空间布局的优化，不仅提升了城市的整体形象，还增强了城市的承载能力和发展潜力。

第五章　经开区城市更新满意度评价

随着新发展理念的深入实践,"以人为本"的核心理念日益成为推动城市更新的重要驱动力,其强调城市发展不仅是物理空间的扩张或经济指标的增长,而且是居民生活质量、幸福感和社会福祉的全面提升,通过强化人的需求和感受,发挥公众反馈的积极作用。[①] 在产城融合的大背景下,经开区作为区域经济发展的重要引擎,其城市更新实践不仅关乎城市面貌的改善,而且直接影响到产业升级、居民生活质量提升及区域竞争力增强。因此,全面了解并评估经开区城市更新项目的实施效果,特别是从职住平衡角度,收集来自经开区的企业员工及居民的直接反馈,对于持续优化更新策略、提升满意度具有重要意义。

第一节　经开区城市更新满意度评价指标体系

一、经开区城市更新满意度评价的理论依据

(一) 满意度理论

满意度理论最初萌芽于心理学领域,其后在经济学领域得以深化与完

---

① 秦迪,王悦,何东全. 城市有机更新中以人为本的设计理念与方法 [J]. 城市发展研究,2019 (2):36-40.

善，并逐步扩展到社会学、管理学等多个学科范畴。在心理学领域内，满意度理论揭示，满足感的核心在于个体从工作或工作环境中获取主观上认定的有价值成果的满意程度。[①] 在经济学领域，满意度理论聚焦顾客满意度，反映了顾客对在购买商品或服务前形成的期望效用与实际消费体验之间差异的感知与评价。[②] 随着理论的进一步发展，在社会学领域，满意度理论进一步分化，衍生出了社会满意度与公众满意度等具体维度，用于衡量更广泛社会层面上的满足程度。随着满意度理论在多个领域的广泛拓展与深化，20世纪90年代是其发展的重要阶段。在这一时期，David Osborne 与 Ted Gaebler 在其著作《企业型政府》（*Reinventing Government：How the Entrepreneurial Sprit is Transforming the Public Sector*）中开创性地提出，政府管理也应遵循顾客导向原则，将接受政府提供的公众服务产品的"公众"视为顾客满意度概念中的"顾客"，从而首次引入了公众满意度的理念。公众满意度的核心在于衡量公众的感知层次，即公众对政府服务或产品的预期值与实际体验之间的差值的感知。政府能够依据这一主观而宝贵的评价反馈，为优化公共服务供给及政策决策构建坚实的参考框架。

满意度理论为城市更新满意度评价提供了坚实的理论依据，满意度理论不仅关注公众对城市更新成果的物质感知，还深入探究公众在精神层面的满足感与期望值的契合度。在城市更新中，满意度理论用于评估公众对更新前后城市环境、设施、文化等方面的预期与实际感受的对比。满意度理论强调评价的全面性和系统性，在城市更新满意度评价中，体现为构建包含商业环境、交通环境、文化精神、设施配套等多个维度的评价指标体系，以全面反映公众对更新项目的多维度感知。满意度理论强调公众在评价过程中的参与和反馈作用，城市更新项目往往涉及多个利益主体，主要

---

① 张淑敏. 零售商业企业员工的工作满意度与积极应激关系研究 [D]. 天津：南开大学博士学位论文，2010.
② 金宁. 公共交通乘客满意度测评理论及实证研究 [D]. 长春：吉林大学博士学位论文，2009.

包括居民、商户（员工）等，通过引入满意度评价，可以充分听取各方意见，协调不同利益诉求，确保更新成果能够最大化地满足公众需求。满意度理论还强调对评价结果的持续跟踪和反馈，在城市更新项目中，通过定期收集公众反馈，及时调整优化更新策略，可以确保更新成果能够持续满足公众需求。

（二）环境与行为关系理论

环境与行为关系理论关注人与环境之间的相互作用，强调环境对人的行为模式、心理状态等方面的影响。该理论认为，环境与人的行为之间存在相互作用，通过空间环境改变以适应行为甚至促进人的行为发展，人们可以通过改变行为以适应不同的环境。在环境改变中，应充分考虑环境负荷的影响，避免信息量过大或过于复杂的环境，为个体提供清晰、有序的信息呈现方式，以提高信息处理效率；环境刺激不仅能激发个体的行为，还能约束个体的行为，例如在公共场所、工作场所等特定环境中，个体需要遵守一定的行为规范和准则，以确保环境的秩序和安全。环境刺激通过提供视觉、听觉等感官信息，影响个体的行为选择和决策过程，促进环境的和谐与稳定。

环境与行为关系理论为城市更新满意度评价提供了理论依据，主要体现在：环境因素通过影响个体的感知、认知、情绪和行为，进而影响其对环境的满意度，在城市更新中，对环境的改善和优化能够显著提升居民的生活质量和幸福感，进而影响他们对城市更新的满意度评价。同时，人类行为不仅受环境影响，也会对环境产生反馈，在城市更新中，居民的行为模式和需求变化会推动城市空间的重新配置和功能调整，这种双向互动的关系要求城市更新不仅要关注物质空间的改善，还要重视居民行为和社会需求的动态变化，确保更新方案能够真正满足居民的需求，提高他们的满意度。环境与行为关系理论强调人与环境的互动关系，要求在城市更新过程中充分重视公众的参与和反馈，公众是城市更新的直接受益者，他们的需求和意见对于优化更新方案、提高更新效果具有至关重要的作用，通过问卷调查、访谈、公众参与会议等方式收集公众意见，可以更加准确地把握居民的需求和期望，为城市更新满意度评价提供重要的数据支持。环境与行为关系理论还强调环境与人的和谐共生以及可持续发展的理念，在城市更新中，应注重环境保护和生态平衡，避免过度开发和资源浪费，同时，应坚持"以人为本"的理念，关注居民的生活质量和幸福感，确保更新方案能够真正满足居民的需求和期望。

（三）马斯洛需求层次理论

马斯洛需求层次理论是由美国心理学家亚伯拉罕·马斯洛于1943年首次提出，是一种广泛应用于解释人类动机和需求发展的理论。该理论将人类的需求划分为五个层次，形成一个金字塔结构，从底层到顶层依次为：生理需求、安全需求、社交需求、尊重需求和自我实现需求。生理需求包括食物、水、空气、睡眠以及性欲等，位于最底层，表明它们是所有需求中最基础、最迫切的部分；安全需求包括身体安全、经济保障、健康、就业安全以及家庭安全等方面，使人们能够安心地追求更高层次的需求；社交需求是人们在生理和安全需求得到满足后产生的更高层次的需求，涉及亲情、友情和爱情等方面，人们渴望与他人建立联系、获得归属感和被接纳；尊重需求包括自尊和他人的尊重两个方面。自尊需求指对自我的尊重、自信、自重和自尊心的需求，它要求人们能够认可自己的能力和价值；自我实现需求是马斯洛需求层次理论中的最高层次，指个人追求自身潜力实现的需求。

马斯洛需求层次理论为城市更新满意度评价提供了理论依据，主要体现在：其一，满足基本生活需求。在城市更新中，首先要确保居民的基本生活需求得到满足，例如改善住房条件、完善基础设施等，为居民提供安全、舒适的居住环境。其二，提升生活品质。在满足基本需求的基础上，注重提升居民的生活品质。引入优质的教育资源、医疗资源等，丰富居民的精神文化生活。其三，促进社交与尊重。鼓励居民之间的交往和互动，通过举办社区活动、建立邻里互助机制等方式，增强社区的凝聚力和归属感，尊重居民的差异性和多样性，为他们提供展示自我、实现价值的舞台。其四，支持自我实现。为居民提供广阔的发展空间和机会，鼓励他们追求个人梦想和目标，例如在城市更新中引入创意产业、文化产业等新兴产业，为居民提供更多元化的就业和创业选择。

（四）以人为本理论

国外人本主义思想，其系统性的哲学阐述起源于西欧，以康德与费尔巴哈为杰出代表，他们共同构建了近代人本主义思潮的完整框架。随着现代学术的深入探索与理论拓展，现代人本主义进一步强调：人不仅是哲学思考的起点，也是最终归宿，其呼吁尊重并珍视个体的生命体验、情感世界、意志力量及内在本能所蕴含的意义与价值，将人的存在视为宇宙间最本真且至高无上的存在。在我国，当代中国思想家深刻挖掘并提炼了中国传统文化中的"以民为本"精髓，将其精髓概括为"民本主义"。这一思想体系有深厚的文化底蕴，其核心要义可归结为重视民众、爱护民众、善待民众、顺应民意、与民同心、取信于民等多个维度，不仅是中国传统文化不可或缺的一部分，也是中华民族精神的重要体现。[1]

2019年，习近平总书记在考察上海时指出："人民城市人民建，人民城市为人民"，可见，以人为本理论为城市更新提供理论依据。具体表现在：其一，尊重人的需求和权利。以人为本理论强调，在城市更新过程中，必须充分考虑居民的生活需求、居住条件改善、公共服务设施完善等方面，确保更新后的城市环境更加宜居、便利，这种对居民需求和权利的尊重，是提升城市更新满意度的重要前提。[2] 其二，关注人的全面发展。以人为本理论要求在城市更新中，不仅要关注居民的物质生活条件，还要

---

[1] 杨军. 以人为本统筹推进城市更新[J]. 城乡建设，2022（13）：5.
[2] 王煜明. 以人为本的城市更新的策略研究[J]. 居舍，2023（11）：154-156.

关注他们的精神文化需求、教育医疗等社会福祉的提升，通过优化城市功能布局、提升公共服务水平、丰富文化体育活动等方式，为居民创造更加全面、多元的发展空间，从而提高他们对城市更新的满意度。其三，可持续发展。以人为本的城市更新强调可持续发展理念，即在满足当代人需求的同时，不损害后代人满足其需求的能力，要求在城市更新中注重资源节约、环境保护和生态平衡，推动城市经济、社会、环境的协调发展，通过实施绿色建筑、节能减排、生态修复等措施，打造宜居、宜业、宜游的可持续发展城市，为居民提供更加优质的生活环境，从而提升他们对城市更新的满意度。[①] 其四，强调人的主体性。以人为本理论强调人在城市更新中的主体地位和作用，城市更新应充分尊重居民的主体地位和首创精神，鼓励他们积极参与城市更新活动，发挥自身的智慧和力量，通过激发居民的积极性和创造力，推动城市更新工作的顺利开展，实现城市与人的和谐共生，进而提升居民对城市更新的满意度。

（五）人居环境科学理论

我国著名学者吴良镛在深刻汲取希腊学者道萨迪亚斯所创立的人类聚居学理论精髓的基础上，紧密结合我国建筑行业的实际状况与人居环境建设的整体格局，创造性地提出了人居环境科学理论。该理论专注于探索和研究人类居住环境的广阔领域，涵盖了从乡村到集镇，再到城市的所有居住环境形态。人居环境科学本质上是一门不断发展的、动态演进的学科，始终聚焦人类与环境之间复杂而微妙的相互关系，致力于揭示这种关系背后的深层次规律。该理论强调将人类聚居视为一个不可分割的整体，主张从全面、系统、综合的视角出发，对整体进行深入的剖析与研究。人居环境科学不仅关注居住空间的物理形态与结构布局，还重视居住环境对人类生活质量、健康状况、社会行为乃至心理状态的深远影响。其倡导在规

[①] 李筱慧. 浅析以人为本视角下的城市更新——以天水市南山体育场片区改造为例 [J]. 房地产世界，2022（8）：23-25.

划、设计、建设与管理人居环境时,应充分考虑并平衡人类生存需求、经济发展需要与自然环境保护之间的关系,以实现人类与环境的和谐共生与可持续发展。①

人居环境科学理论为城市更新满意度评价提供了深厚的理论依据。其一,系统性与综合性视角。人居环境科学理论强调将人类聚居作为一个整体进行研究,为城市更新满意度评价提供了系统性的指导,要求评价不仅要考虑物理环境的改善,还要兼顾社会环境、经济因素以及居民的心理需求等多个方面,通过综合性的评估,更全面地反映城市更新的实际效果和居民的真实感受。其二,人与环境的和谐共生。人居环境科学理论认为,人类与环境之间存在相互影响、相互制约的关系,在城市更新过程中,应充分尊重自然环境、历史文化和社会结构,努力实现人与环境的和谐共生,为此,要求城市更新满意度评价必须关注更新活动对环境的影响,以及对居民生活方式、文化传承等方面的影响,通过科学的评价,可以引导城市更新走向更加绿色、低碳、可持续的道路。②

二、经开区城市更新满意度评价的指标设置

为科学设计经开区城市更新满意度评价指标,基于满意度理论、环境与行为关系理论、马斯洛需求层次理论、以人为本理论、人居环境科学理论等理论基础,从职、住两个维度深入研究,围绕经开区城市更新的工作、生活等方面展开评价,从园区、社区等分类梳理城市更新满意度评价。

(一)城市更新后园区满意度评价指标

学术界围绕城市更新后园区评价进行研究,本文从满意度角度梳理总结城市更新后园区评价指标,如表 5-1 所示。

---

① 吴良镛. 关于人居环境科学 [J]. 城市发展研究, 1996 (1): 6.
② 宋冰晶. 人居环境视野下城市更新片区开发模式探究 [J]. 城市建筑, 2024, 21 (4): 82-84.

表5-1 研究者对城市更新后园区满意度评价的指标设计

作者（年份）	城市更新内容	满意度评价指标
贺海芳等（2017）	转型升级城市更新模式：城市工业遗产再利用的文化创意园	道路交通、外部空间环境及感知、建筑改造后认知、配套设施、绿化景观、室内环境
孔夏琳和夏永久（2022）	城市更新背景下文化创意街区	交通状况、功能业态、外部空间环境、文化创意氛围、配套设施
于长明等（2021）	城市更新背景下火车站枢纽区空间品质	交通设施、卫生环境、配套设施、绿化、使用便利性、道路通达性、城市记忆、历史人文情怀
贾宏俊等（2024）	加强城市基础设施建设，打造宜居、韧性、智慧城市	交通、消防、居住、休闲、医疗、教育、防灾、高效、便捷、安全、舒适、绿色、经济、城市扩容、工作生活条件改善、功能升级、新旧城区衔接、适老性
邢军等（2024）	宿州市公园体系	配套设施（规模化、连通性、均衡性）、功能（异质性、便捷性、品质化）、绿色（安全性、多样性、稳定性）
石运峰等（2023）	青岛市城市更新	空间利用、城市交通、通勤、配套设施、教育设施、医疗设施、文体设施、绿色生态、社会文化
范正午（2021）	广州恩宁路街区城市更新	建筑与空间环境、卫生、氛围、生活气息、公共空间

对表5-1中满意度评价指标进行分词，并构建"北京版"词云，如图5-1所示。从图5-1可知，主要的语素有：配套设施、建筑、交通、环境、功能、绿色、绿化、医疗、氛围、教育、道路交通、交通设施、室内环境、卫生、交通状况、便利性、空间、景观等，对这些语素进行归类，可以划分为f_1（配套设施，医疗，教育）、f_2（建筑、空间、景观）、f_3（环境、功能、绿色、绿化、卫生、氛围、室内环境）、f_4（交通、道路交通、交通、交通设施、交通状况、便利性）。

第五章 经开区城市更新满意度评价

图 5-1 城市更新后园区满意度评价指标词云

根据 f_1、f_2、f_3、f_4，城市更新后园区满意度评价指标可划分为公共配套、建筑风貌、工作环境、交通条件。其中，公共配套主要包括配套设施、医疗、教育，还可能包括商业、餐饮等其他设施；建筑风貌主要是城市更新后建筑形态、空间、景观、水电等建筑自身情况；工作环境主要包括卫生、室内环境、绿色、绿化等硬件环境，还包括工作氛围、社会文化等软件环境；交通条件主要包括道路交通、交通设施等硬件条件，以及便利性、交通状况等软件条件。

（二）城市更新后社区满意度评价指标

本章从满意度角度梳理总结城市更新后社区评价指标，如表 5-2 所示。

表 5-2　研究者对城市更新后社区满意度评价的指标设计

作者（年份）	城市更新内容	满意度评价指标
李广磊（2015）	深圳市城市更新建设规划的典型片区	社会治安、公共交通、教育资源、医疗服务、公共文体、绿化环境、住房、购物便利性、餐饮便利性、娱乐业
郭瑞（2017）	城中村改造	利益分配安置补偿、公开公正透明程序、社会结构转型环境、历史文化民俗习惯
冯健和林文盛（2017）	老城区改造更新	住房条件（住房面积、住房质量）、社区环境（社区治安、绿化、社区服务、卫生条件、物业管理）、配套设施（社区交通、市场商业、学校托幼、康乐设施）、社会网络（邻里关系、交往规模、交往深度）
李彦伯等（2016）	城市历史街区	住房条件、街坊环境、社区服务、邻里关系、治安条件、商业设施、交通出行、医疗条件、活动场所、参与途径、居委会日常事务管理
夏永久等（2013）	城市被动式动迁	就业环境、地理空间（通勤及小区位置）、自然环境（空气、卫生、绿化）、人文社会（邻里互信、社区认同、邻里关系）、住房条件（面积及户型）、配套设施（教育、金融、商业）
李俊杰等（2009）	旧城改造	居住条件、生活水平、医疗卫生、基础设施、公共设施、文化教育和业余生活
何深静和刘臻（2013）	亚运会城市更新	社区环境改善、社区设施增多、生活方式改变、社会网络破坏、邻里关系拆散、社区归属降低、心理忧虑、心理失衡、相对剥夺感
胡洋（2017）	旧城改造规划实施后	物质环境、非物质文化、基本服务、消费服务、商业环境、其他
雷丹（2022）	城市更新背景下背街小巷提升改造	基础设施改造、街巷环境整治、公共空间建设、施工管理和后期维护

续表

作者（年份）	城市更新内容	满意度评价指标
姚栋等（2022）	城市更新中就近安置	居住质量、配套设施、公共交通、工作就业、公共空间
杨虎（2018）	城市更新项目	更新时间选取参与、更新内容选取参与、邻里关系变化、生活成本变化、生活自由度变化、公共活动空间变化、社区环境变化、基础设施变化、市政设施变化、配套设施变化、物业管理变化
王晓茹（2020）	合肥市城隍庙街区更新	空间环境、内部交通、经济维度、社会文化、配套设施
张武林等（2021）	西安幸福林带城市更新	空气质量、热岛效应、植被绿化、资源节约、城市交通、城市空间、置业意愿、推荐意愿
孔子然等（2023）	合肥市城隍庙街区更新	空间环境、经济业态、社会文化、内部交通、配套设施
李榆洺等（2023）	城市更新	居住面积、环境卫生、绿化、交通便利、社会治安、物业管理、物质文化、邻里关系、公众参与、手工艺存续
李本丽（2024）	城市更新	社会保障、配套设施（教育服务、医疗卫生服务、购物）
邵任薇和陈绮珊（2019）	城市更新社会排斥风险评估	周边教育服务、周边医疗卫生服务、基本生活保障制度
Du et al.（2020）	重庆市中心城市更新地区	社会资本（社会联系、社会信任和社会互惠）
Kotze（2012）	南非地区城市更新	公共服务（卫生、供水、供电）、基础设施（住房、医疗设施、娱乐设施）
仝德和顾春霞（2021）	城中村综合整治	物业管理、楼宇建筑
王晓云等（2023）	城市更新下昆明市呈贡区龙城街道	公共服务设施（文化设施、养老设施、卫生服务站、公园广场、公交站设施、菜场超市设施）
吴婷婷（2023）	新时期城市更新背景下旧城片区更新	居住环境、公园绿地、基础设施（交通、历史建筑保护、停车位）

对表 5-2 中满意度评价指标进行分词,并构建"北京版"词云,如图 5-2 所示。从图 5-2 可知,主要的语素有:环境、设施、配套设施、基础设施、社会、社区、变化、邻里关系、空间、绿化、住房条件、物业管理、交通、生活、空间、服务、文化、物质文化、商业、医疗卫生、居住、便利性、教育服务等,对这些语素进行归类,可以划分为f_5(设施,配套设施,基础设施,商业,医疗卫生,教育服务)、f_6(住房条件,空间,变化)、f_7(环境,绿化,社会,社区,邻里关系,生活,文化,物质文化,物业管理)、f_8(交通,居住,便利性)。

图 5-2 城市更新后社区满意度评价指标词云

根据f_5、f_6、f_7、f_8，城市更新后社区满意度评价指标可划分为公共设施、住房条件、生活环境、交通条件等。其中，公共设施主要包括设施、配套设施、基础设施、商业、医疗卫生、教育服务；住房条件主要是城市更新后住房条件、空间、变化等居住建筑及管理情况；生活环境主要包括环境、绿化、社会、社区、邻里关系、生活、文化、物质文化、物业管理等生活的硬件条件及人际关系；交通条件主要包括交通、居住、便利性。

第二节 经开区城市更新满意度评价模型构建

一、经开区城市更新满意度评价模型的选择

对于满意度评价模型，比较广泛使用的有四分图模型、层次分析模型、客户满意度指数模型（包括美国顾客满意度指数模型 ACSI、欧洲顾客满意度指数模型 ECSI、中国顾客满意度指数模型 CCSI）、服务质量模型、Kano 模型五类。

（一）满意度评价模型的优势与不足

四分图模型。在满意度评价模型中，四分图模型的优势表现在简单直观易于理解、便于分类处理、指导性强、适用范围广泛、操作简便、成本低廉等方面：四分图模型通过两个维度（重要性和满意度）的划分，将绩效指标清晰地归类到四个象限中，使企业能够直观地了解各项指标的表现情况，非专业人士也能轻松理解和应用；四分图模型将影响满意度的因素分为四个象限，即优势区、修补区、机会区和维持区，这种分类方式不仅有助于企业快速识别出优势和不足，还为企业提供了明确的改进方向，可以根据各象限的特点制定相应的改进策略，提高满意度评价的效率和针对性；四分图模型适用于各种类型和规模的企业，无论是传统制造业还是现

代服务业，都可以通过该模型进行满意度调查，企业还可以根据自身的实际情况，灵活调整指标个数和层次，以适应不同的评价需求；四分图模型在设计和实施上相对简便，不需要复杂的数学工具和手段，使企业在进行满意度调查时能够节省成本和时间，提高工作效率。① 四分图模型的不足表现在孤立地研究满意度，缺乏全面性、数据准确性受限、问卷内容多等方面：四分图模型在研究中孤立地关注满意度这一指标，没有充分考虑顾客感知和顾客期望对满意度的影响，也没有深入研究满意度对顾客购买后行为的影响，这种孤立的研究方式导致企业在制定改进策略时忽视了顾客的真实需求和期望；四分图模型下，满意度等于各指标得分加权平均，这种计算方法没有考虑误差项和主观愿望的影响，可能导致得出的数据不够准确，无法真实反映顾客的满意度情况，可能使企业在发现和解决问题时面临一定的困难；由于四分图模型需要对每个绩效指标进行重要度和满意度两个方面的评价，问卷的内容会相应增加，导致受访者在填写问卷时产生视觉和心理上的疲劳，进而影响评价的客观性，同时，问卷内容过多还可能降低受访者的参与度和配合度，使收集到的数据质量下降。②

层次分析模型。在满意度评价模型中，层次分析模型的优势表现在定性与定量相结合、所需定量数据少、系统性强、灵活性强、易于理解和操作等方面：层次分析模型既不完全依赖高深的数学计算，也不单纯追求行为、逻辑、推理的定性分析，而是将两者有机结合起来，使评价结果既具有科学性，又便于理解和操作；相比其他复杂的数学模型，层次分析模型所需的定量数据信息相对较少，在数据获取困难或数据不完整的情况下，依然能够进行有效的分析和评价；层次分析模型将研究对象视为一个系统，通过分解、比较判断和综合的思维方式进行决策，有助于全面、系统

---

① 郭剑英，李银花. 基于四分图模型的农民村庄整治满意度研究——以江苏丰县华山村为样本［J］. 中国农业资源与区划，2018，39（2）：164 - 168 +229.
② 乔国通，朱艳娜. 基于四分图模型的高校班干部满意度评价［J］. 安庆师范学院学报（社会科学版），2015，34（6）：162 - 164.

地考虑影响满意度的各种因素，从而得出更加全面和准确的评价结果；层次分析模型可以根据不同的评价目标和对象，灵活地构建评价层次结构，使该模型在不同行业和领域的应用中具有广泛的适应性；层次分析模型的评价过程和结果都相对直观和易懂，非专业人士也能够理解和运用该模型进行满意度评价。[1] 层次分析模型的不足表现在指标过多时数据统计量大、权重确定的主观性较强、定量数据较少而定性成分多等方面：当评价指标数量较多时，层次分析模型需要构建复杂的判断矩阵，并进行大量的数据统计和计算，导致评价过程变得烦琐和耗时；在层次分析模型中，各指标的权重通常是通过专家打分或问卷调查等方式确定的，虽然简便易行，但主观性较强，导致评价结果存在一定的偏差；尽管层次分析模型结合定性和定量方法，但总体上定量方法用得较少，定性方法占比较大，导致评价结果在客观性和准确性方面存在一定的问题。[2]

客户满意度指数模型。客户满意度指数模型是一种广泛应用的工具，包括美国顾客满意度指数模型 ACSI、欧洲顾客满意度指数模型 ECSI、中国顾客满意度指数模型 CCSI，用于度量和认识客户对企业的认同、对产品和服务的满意程度，以及再次购买倾向。[3] 其优势表现在多维度评价、定量描述、跨行业比较、指导性强、易于理解和操作等方面：模型通过测量客户对产品或服务的期望、质量认知、价值认知和满意程度等多个维度，能够全面反映客户的满意度情况，有助于企业更准确地把握客户需求和期望，从而制定更有针对性的改进策略；相比其他定性研究方法，顾客满意度指数模型（CSI）能够提供更精确的量化数据，通过计算客户满意度指

---

[1] 杨萍，王新鹏. 层次分析模型在房地一体权籍调查评价中的应用［J］. 贵州大学学报（自然科学版），2023，40（1）：38－41＋47.
[2] 王力平，王冲，韩金羽，等. 基于层次分析模型的 COVID-2019 的传播与评价研究［J］. 齐齐哈尔大学学报（自然科学版），2023，39（4）：89－94.
[3] 陈丽敏，刘春玲，谢昕彤，等. 基于 ECSI 模型的医疗服务满意度评价研究——以 S 市公立医院为例［J］. 现代医院，2024，24（6）：831－835＋839.

数，企业可以直观地了解自身在客户心目中的位置，以及与其他竞争对手的差距；某些客户满意度指数模型（如美国顾客满意度指数模型 ACSI）能够用于跨行业比较，不仅能够在内部进行满意度评价，还能够与同行业其他企业进行横向比较，从而使企业明确自身的优势和不足；模型结果能够为企业提供明确的改进方向，通过识别影响满意度的关键因素，企业可以优先解决这些问题，从而提升客户满意度和忠诚度。① 其不足表现在数据收集复杂、主观性影响、指标选择困难、模型适用性有限、缺乏深入诊断等方面：模型需要收集大量的客户数据，包括期望、感知质量、感知价值等多个方面的信息，导致数据收集过程变得复杂和耗时，增加了企业的成本负担；客户对产品和服务的评价往往受到个人主观因素的影响，不同客户对同一产品或服务的期望和感知质量可能存在差异，导致评价结果存在一定的偏差；选择合适的评价指标是模型成功的关键，但在实际操作中，企业难以确定哪些指标对客户满意度具有重要影响，若选择的指标不够全面或不够准确，可能导致评价结果无法真实反映客户的满意度情况；不同行业、不同企业的产品和服务特点各不相同，需要根据实际情况对模型进行适当调整和优化；某些客户满意度指数模型仅提供整体满意度指数，而缺乏对具体问题的深入诊断，导致企业在制定改进策略时缺乏针对性和有效性。②

服务质量模型。服务质量模型是一种重要的分析工具，用于揭示服务过程中存在的问题，并帮助企业提升服务质量。其优势表现在问题根源识别、针对性改进、持续改进、提升竞争力等方面：服务质量模型能够系统地识别服务过程中各个环节之间的差距，包括顾客期望与管理者认知、管理者认知与服务标准、服务标准与服务传递、服务传递与外部沟通以及顾

---

① 赵丹阳. 基于 CCSI 模型的绿色食品消费者满意度影响因素实证研究 [J]. 粮食科技与经济, 2024, 49（3）：60-65.

② 王倩, 马倩, 朱迪, 等. ACSI 模型视角下医院运送服务群体工作满意度的质性研究 [J]. 护士进修杂志, 2024, 39（17）：1897-1901.

客期望与顾客服务感知之间的差距，有助于企业准确地找出服务质量问题的根源；通过识别服务过程中的差距，企业可以制定针对性的改进措施，例如针对管理者认知与顾客期望之间的差距，企业可以加强市场调研和顾客沟通，针对服务标准与服务传递之间的差距，企业可以优化服务流程，提高服务人员的技能和素质；服务质量模型可以作为一个持续改进的工具，帮助企业不断优化服务过程，提升服务质量，通过定期的差距分析和改进措施的实施，企业可以逐步提高顾客满意度和忠诚度；优质的服务质量是企业赢得顾客信任、提升品牌形象的关键，通过服务质量模型的应用，企业可以不断改进服务质量，满足顾客需求，从而在激烈的市场竞争中占据优势地位。① 其不足表现在复杂性、主观性、数据收集难度、模型局限性等方面：服务质量模型通常涉及多个环节和因素，分析和应用可能较为复杂，企业需要投入足够的人力、物力和时间做分析差距、制定和实施改进措施等工作；在服务质量评价过程中，存在顾客期望、感知质量等一些主观因素，这些主观因素可能导致评价结果存在一定的偏差；为了准确识别服务过程中的差距并制定改进措施，企业需要收集大量的数据和信息，但在实际操作中，数据收集可能存在一定的难度和成本；不同的服务质量模型具有不同的适用范围和局限性，例如服务质量差距模型主要关注服务过程中的差距问题，但可能无法全面反映服务质量的所有方面。

Kano 模型。Kano 模型的优势表现在明确需求分类、指导优先级排序、提升客户满意度、数据驱动的决策等方面：Kano 模型能够将客户需求明确地分为基本型需求、期望型需求、兴奋型需求、无差异型需求以及反向型需求，从而帮助企业深入理解不同层次的用户需求；通过分类，模型能指导企业优先满足哪些需求以最大化客户满意度，尤其是通过聚焦期望型需求和兴奋型需求，企业可以设计更具竞争力的产品和服务；Kano 模型关注

---

① 王玥. 应用服务质量差距模型辅助顾客满意度研究［J］. 中国质量，2021（3）：106－110.

如何通过满足客户的期望型需求和兴奋型需求来显著提升客户满意度，这些"超越期望"的特性往往是提高产品差异化和忠诚度的关键；通过标准化问卷收集数据，并运用 Better – Worse 系数等量化指标进行科学评估，模型为企业提供了数据驱动的决策支持。① Kano 模型的不足表现在分析复杂性、调查烦琐性、样本选择困难、主观性影响、静态视角、适用范围局限、操作成本高昂等方面。即使在结果非常好的情况下，Kano 模型的分析也可能相对复杂，需要高水平的知识和技能来正确解读结果；通过标准化问卷进行调研可能会让用户感到乏味冗长，尤其是当涉及的功能数量较多时，会降低调查的有效性；不同的用户群体对不同功能的接受度存在差异，导致样本选择变得困难，用户在没有看到新功能之前无法准确表达自己的需求，从而影响调研结果的准确性；模型完全依赖用户自行填写问卷，因此结果可能受到用户主观性和理解差异的影响，用户的反馈还可能受到个人情绪、期望等外部因素的干扰；Kano 模型提供了一个静态的视角来看待需求，但实际上需求是动态变化的，受到市场、技术、竞品等多种因素的影响；Kano 模型可能更适用于 C 端产品或短期项目，对于 B 端产品、复杂系统或专业领域的产品，用户需求可能更加复杂和多样，需要结合其他分析方法进行综合评估；需要大规模的用户调研和数据分析，这可能导致模型在应用过程中耗时较长且成本较高。

综上所述，满意度评价模型的不足突出表现在专业性强、专门针对性、宏观复杂性、定性易失真方面。

一是专业性强。服务质量模型（如 SERVQUAL 模型）具有复杂的路径关系和结构变量，包括有形设施、可靠性、响应性、保障性和情感投入等多个维度，且每个维度下又有多个具体因素，这使非专业人士在理解和应用上存在一定的困难。

---

① 邓媛. 基于 Kano 模型的移动终端 NFC 功能交互设计研究 [J]. 鞋类工艺与设计，2024，4（16）：161 – 164.

二是专门针对性。Kano 模型多被用于新产品，主要在新产品的开发过程中识别顾客的不同需求和满意度水平，以指导产品的设计和改进。服务质量模型专门针对服务领域，通过测量顾客对服务的期望与实际感知之间的差距来评估服务质量，但在某些情况下，这种模型过于专注于服务过程本身，忽略了其他可能影响满意度的因素。

三是宏观复杂性。客户满意度指数模型是宏观性指标，例如美国顾客满意度指数模型 ACSI，侧重于对整个经济产出质量的衡量，涵盖了产品和服务消费过程的多个方面，虽然具有较高的综合性和宏观性，但在具体企业的满意度评价中可能显得过于笼统和复杂。

四是定性易失真。四分图模型是偏于定性研究的诊断模型，由于要同时考虑满意度和重要性两方面的评价，在收集数据中容易使受访者产生视觉和心理疲劳，很难保证评价的客观性。层次分析模型未考虑主观愿望影响，仅通过定性因素定量化得到量化数据。

（二）满意度评价模型的选择与比较

基于五种满意度评价模型优势与不足的分析结果，针对专业性强、专门针对性、宏观复杂性、定性易失真的特征，需要选择具有非专业易懂性、非专门广泛性、非宏观具体性、定性定量结合性的满意度评价模型，对比分析五种满意度评价模型发现，在满意度评价模型中，选择层次分析模型具有可行性。

对比四分图模型，选择层次分析模型更具可行性。表现在：其一，定量与定性相结合的分析能力。层次分析模型是一种定性和定量相结合的决策分析方法，能够将复杂的决策问题分解为不同的组成因素，并通过构建判断矩阵和计算权重向量，实现决策的量化分析，在处理满意度评价时，能够更精确地反映各指标对总体满意度的影响程度。而四分图模型主要是一种偏向于定性研究的诊断模型，通过调研和访谈列出绩效指标，并设置重要度和满意度两个属性进行评分，将各因素归入四个象限进行分析。其二,跨行业及多层次分析能力。层次分析模型能够灵活地根据企业的具体情况和需要进行调整,构建多层次的分析结构模型,不仅适用于不同行业的满意度评价,还能在企业内部进行多层次、多维度的分析,从而得出更全面、更准确的评价结果。而四分图模型孤立地研究满意度,没有考虑顾客感知和期望对满意度的影响,且使用的是具体的绩效指标,因此很难进行跨行业的顾客满意度比较,即使在同一行业内,由于各地区经济发展不平衡和顾客要求不同,各指标对顾客的重要程度可能不同,导致可比性降低。其三,权重确定的科学性和客观性。层次分析模型通过构建判断矩阵和进行一致性检验,能够科学地确定各指标的权重,该方法利用了心理学家的研究成果,通过两两比较的方式减少判断误差,并通过一致性检验确保判断结果的可信度和准确度。而四分图模型在权重确定上主要依赖调研和访谈的结果,以及专家的主观判断,缺乏科学性和客观性。其四,应用的广泛性和灵活性。层次分析模型自20世纪70年代由美国运筹学家T. L. Saaty提出以来,在多个领域得到了广泛应用。该模型不仅适用于满意度评价,还可用于资源分配、路线选择、风险评估等多种复杂决策问题,模型具有高度的灵活性,可以根据企业的实际情况进行调整和优化。四分图模型虽然在国内应用较广,但在处理复杂问题时可能显得力不从心。

对比客户满意度指数模型,选择层次分析模型更具可行性。表现在:其一,模型的灵活性与适应性。层次分析模型具有高度的灵活性和适应性,可以根据具体评价对象的特点和需求,灵活构建评价层次结构,选择适当的评价因素和指标,适用于各种不同类型的满意度评价场景。而客户满意度指数模型虽然也有较高的适应性和灵活性,但其核心框架和主要变量(如顾客期望、感知质量、顾客满意等)相对固定,难以完全满足不同企业的特殊需求。其二,定量与定性分析相结合。层次分析模型通过构建判断矩阵,运用数学方法对各因素进行定量比较和权重分配,同时保留了定性的分析和判断过程,这种定性与定量相结合的方法,使评价结果更加科学和可靠。客户满意度指数模型也涉及一定的定量分析，但其核心更多在于构建结构变量和路径关系，以描述顾客满意度的形成和变化过程，相比之下，层次分析模型在定量分析方面可能更为细致和精确。其三，决策过程的透明性与可解释性。层次分析模型在决策过程中，各因素之间的相对重要性和权重分配都通过数学方法进行了明确的计算和表示，使决策过程具有较高的透明性和可解释性。而客户满意度指数模型虽然也能提供较为详细的评价结果，但在决策过程的透明性和可解释性方面可能略显不足，特别是对于非专业人士来说，理解和解释模型中的复杂路径关系和结构变量可能存在一定的困难。其四，操作的便捷性与成本效益。层次分析模型操作步骤相对简单明了，不需要复杂的数学模型和编程技能，因此在实际操作中较为便捷，同时，由于其灵活性和适应性强的特点，可以根据实际情况进行适当的简化和调整，从而降低评价成本。而客户满意度指数模型在实施过程中可能需要投入较多的资源和精力做问卷调查、数据处理和模型分析等工作，特别是在样本量较大或评价对象较为复杂的情况下，需要较高的成本投入。

对比服务质量模型，选择层次分析模型更具可行性。表现在：其一，综合评估能力与灵活性。层次分析模型能够将复杂的满意度评价问题分解为不同的组成因素，并通过构建递进的层次结构，进行定性分析和定量分析，不仅能够对服务质量的各个维度作出评估，还能根据企业的具体需求和实际情况进行灵活调整，从而确保评价结果的全面性和准确性。而服务质量模型虽然能够评估服务质量的多个维度，但其评估框架和指标体系相对固定，难以完全适应不同企业的特殊需求，在评估过程中更多地关注顾客对服务的期望和实际感知之间的差距，而对影响满意度的其他复杂因素可能考虑不足。其二，权重确定的科学性。层次分析模型通过构建判断矩阵和进行一致性检验，能够科学地确定各评价指标的权重，减少主观判断对权重分配的影响，使权重分配更加合理和客观。而服务质量模型虽然也通过问卷调查等方式收集数据并进行分析，但在权重确定方面可能更多地依赖经验判断或行业规范，缺乏一定的科学性。其三，定量与定性分析的结合。层次分析模型结合了定性和定量的分析方法，能够在保持定性分析灵活性的同时，通过数学方法对各因素进行定量比较和权重分配，使评价结果更加准确和可靠。而服务质量模型虽然也涉及一定的定量分析（如通过问卷调查收集数据并进行统计分析），但其核心仍然是基于顾客对服务的期望和实际感知之间的比较，相比之下，层次分析模型在定量分析时可能更为深入和全面。其四，决策过程的透明性与可解释性。层次分析模型的决策过程具有较高的透明性和可解释性，各因素之间的相对重要性和权重分配都通过数学方法作出明确的计算和表示，决策者能够清晰地了解评价结果的来源和依据。而服务质量模型虽然也能提供详细的分析结果，但在解释评价结果方面可能存在一定的难度，特别是对于非专业人士来说，理解模型中的复杂路径关系和结构变量可能存在一定的困难。

对比 Kano 模型，选择层次分析模型更具可行性。表现在：其一，复杂性处理能力。当评价对象涉及多个复杂、相互关联的因素时，层次分析模型能够将这些因素层次化、条理化，使评价过程更加清晰和有序，相比之下，Kano 模型更侧重于需求的分类和优先级排序，对复杂因素的综合处理能力可能稍显不足。其二，定量与定性结合。层次分析模型通过引入数学方法来量化不同因素的相对重要性，使评价结果更加客观和科学，而 Kano 模型虽然也作量化分析，但其核心仍在于对需求的分类和优先级排序，对具体因素的量化程度可能较低。其三，适用范围广泛。层次分析模型不仅适用于产品或服务的满意度评价，还可以广泛应用于项目管理、政策制定、战略规划、实施评价、方案设计等多个领域，其灵活性和普适性使它成为许多组织和个人作复杂决策的首选工具。其四，解决冲突能力。在决策过程中，不同因素之间可能存在冲突和矛盾。层次分析模型通过构建层次结构模型，利用数学方法进行权重计算，有助于决策者在冲突中找到最优解或妥协方案,而 Kano 模型虽然能够识别出关键需求,但在解决需求冲突方面可能相对较弱。

(三) 满意度评价模型的改进与创新

在城市更新满意度评价模型构建中,通过对比分析,选择了层次分析模型,但层次分析模型存在权重确定的主观性较强、定量数据较少而定性成分多等不足,为此,在层次分析模型构建中,添加量化研究方法,减少层次分析模型不足方面对满意度评价结果的影响。熵权法是一种基于信息熵理论的客观赋权方法,它通过计算指标之间的信息熵来确定权重。熵权法具有计算简便、结果可靠、应用灵活等优点,能够较客观地反映指标的重要性,避免主观偏好的影响。基于此,引进熵权法,对层次分析模型进行改进。其步骤如下。

以层次分析法构建层次分析模型并确定主观权重。首先,构建层次结构。将复杂问题分解为不同的组成因素,并根据因素间的相互关联以及隶属关系将因素按不同的层次聚集组合,形成一个多层次的分析结构模型。其次,构造判断矩阵。对同一层次的元素进行两两比较,定量描述。最后,计算权向量并作一致性检验。对于每一个成对比较矩阵计算最大特征根及对应特征向量,利用一致性指标、随机一致性指标和一致性比率作一致性检验。若检验通过,特征向量(归一化后)即为权向量;若不通过,需重新构造成对比较矩阵。

以熵权法确定客观权重。首先,数据标准化,根据需要对原始数据进行归一化处理,消除不同量纲的影响。其次,计算信息熵,根据信息熵的定义,计算每个指标的信息熵。最后,确定权重,利用信息熵计算每个指标的权重,权重越大表示该指标对评价结果的影响越大。

以乘法合成法组合主客观权重。采用乘法合成法组合方式将层次分析法得到的主观权重与熵权法得到的客观权重进行组合,得到综合权重。根据综合权重对方案进行排序,得到最终的决策结果。

通过以上步骤改进与创新，结合主观判断与客观数据，使决策结果更加准确可靠。通过引入熵权法，降低层次分析法中主观判断对结果的影响。改进后的模型适用于更多类型的复杂决策问题，提高了模型的适用性。

二、经开区城市更新满意度评价模型的设计

基于满意度评价模型的改进与创新，结合城市更新满意度评价指标设计，设计经开区城市更新满意度评价模型，确定指标权重。

（一）以层次分析法构建经开区城市更新满意度评价模型

根据分园区和社区的经开区城市更新满意度评价指标设计，分别构建经开区城市更新满意度评价模型（园区）和经开区城市更新满意度评价模型（社区）。

以层次分析法构建经开区城市更新满意度评价模型（园区）。经开区城市更新园区满意度评价模型如图 5-3 所示。

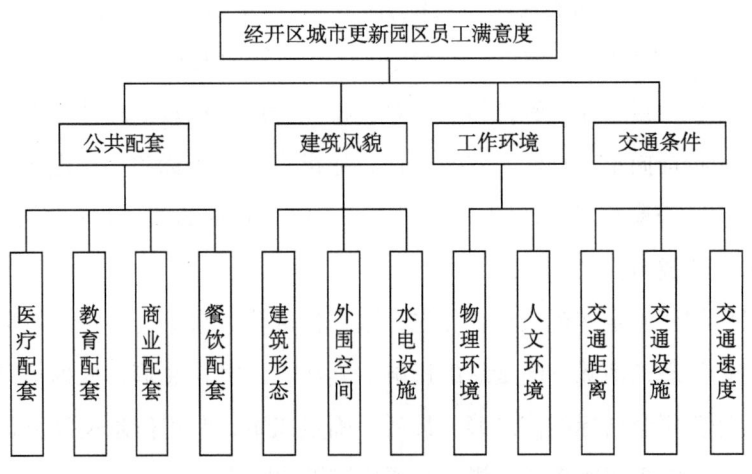

图 5-3　经开区城市更新园区满意度评价模型

如图 5-3 所示，目标层为经开区城市更新园区员工满意度，准则层为公共配套（f_1）、建筑风貌（f_2）、工作环境（f_3）、交通条件（f_4），各准则

层下是子准则层，公共配套准则层包括医疗配套、教育配套、商业配套、餐饮配套子准则层；建筑风貌准则层包括建筑形态、外围空间、水电设施子准则层；工作环境准则层包括物理环境、人文环境子准则层；交通条件准则层包括交通距离、交通设施、交通速度子准则层。

以层次分析法构建经开区城市更新满意度评价模型（社区）。经开区城市更新社区满意度评价模型如图5-4所示。

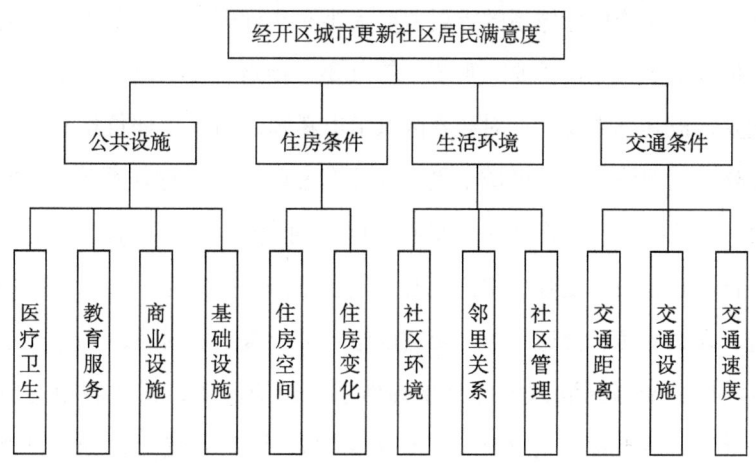

图5-4 经开区城市更新社区满意度评价模型

如图5-4所示，目标层为经开区城市更新社区居民满意度，准则层为公共设施（f_5）、住房条件（f_6）、生活环境（f_7）、交通条件（f_8），各准则层下是子准则层，公共设施准则层包括医疗卫生、教育服务、商业设施、基础设施子准则层；住房条件准则层包括住房空间、住房变化子准则层；生活环境准则层包括社区环境、邻里关系、社区管理子准则层；交通条件准则层包括交通距离、交通设施、交通速度子准则层。

（二）以层次分析法设置经开区城市更新满意度评价指标权重

根据经开区城市更新园区满意度评价模型和经开区城市更新社区满意度评价模型，分别计算经开区城市更新满意度评价权重。

1. 经开区城市更新园区满意度评价模型

按评价指标两两比较定量化、评价指标成对比较矩阵构建、各级评价指标权重向量、评价指标权重一致性检验、评价指标权重确定的步骤计算经开区城市更新园区满意度评价指标权重。

(1) 评价指标两两比较定量化。

根据人的直觉进行定性分析,在评价指标两两比较中,对经开区城市更新园区满意度评价指标体系的重要程度大小有9种等级,按重要程度大小排序为:极其重要、非常重要、重要、较重要、相当、较不重要、不重要、非常不重要、极其不重要。在对经开区城市更新园区满意度评价指标体系各指标定量化中,现标记经开区城市更新园区满意度评价指标体系为F,标记公共配套、建筑风貌、工作环境、交通条件分别为f_1、f_2、f_3、f_4,标记医疗配套、教育配套、商业配套、餐饮配套、建筑形态、外围空间、水电设施、物理环境、人文环境、交通距离、交通设施、交通速度分别为$\varphi_1 - \varphi_{12}$。在构造经开区城市更新园区满意度评价指标体系判断矩阵中,邀请城市更新规划者、领导者、实施者、企业员工、专家及学者等20人进行评分,以评分平均值作为指标之间的定量比较结果。根据专家组评分结果,经开区城市更新园区满意度评价指标体系各指标之间的比较定量化如下。

其一,经开区城市更新园区满意度评价指标体系比较定量化。经开区城市更新园区满意度评价指标体系包括公共配套、建筑风貌、工作环境、交通条件四个一级指标,四个指标两两比较定量化的结果如表5-3所示。

表5-3 经开区城市更新园区满意度评价指标体系两两比较定量化

F	f_1	f_2	f_3	f_4
f_1	1	5/8	4/7	7/8
f_2	8/5	1	5/9	5/7
f_3	7/4	9/5	1	8/7
f_4	8/7	7/5	7/8	1

其二，一级指标公共配套比较定量化。一级指标公共配套包括医疗配套、教育配套、商业配套、餐饮配套四个二级指标，两两比较定量化的结果如表 5-4 所示。

表 5-4　一级指标公共配套两两比较定量化

f_1	φ_1	φ_2	φ_3	φ_4
φ_1	1	3/5	3/2	4/7
φ_2	5/3	1	2	5/8
φ_3	2/3	1/2	1	4/9
φ_4	7/4	8/5	9/4	1

其三，一级指标建筑风貌比较定量化。一级指标建筑风貌包括建筑形态、外围空间、水电设施三个二级指标，两两比较定量化的结果如表 5-5 所示。

表 5-5　一级指标建筑风貌两两比较定量化

f_2	φ_5	φ_6	φ_7
φ_5	1	3/4	9/5
φ_6	4/3	1	2
φ_7	5/9	1/2	1

其四，一级指标工作环境比较定量化。一级指标工作环境包括物理环境、人文环境两个二级指标，两个指标两两比较定量化的结果如表 5-6 所示。

表 5-6　一级指标工作环境两两比较定量化

f_3	φ_8	φ_9
φ_8	1	1
φ_9	1	1

其五，一级指标交通条件比较定量化。一级指标交通条件包括交通距离、交通设施、交通速度三个二级指标，两两比较定量化的结果如表 5-7 所示。

表 5-7　一级指标交通条件两两比较定量化

f_4	φ_{10}	φ_{11}	φ_{12}
φ_{10}	1	5/6	4/9
φ_{11}	6/5	1	5/8
φ_{12}	9/4	8/5	1

（2）评价指标成对比较矩阵构建。

根据表 5-3 至表 5-7 经开区城市更新园区满意度评价指标体系以及公共配套、建筑风貌、工作环境、交通条件四个一级指标两两比较定量化结果，构建成对比较矩阵。

其一，经开区城市更新园区满意度评价指标体系成对比较矩阵。根据表 5-3 所示的经开区城市更新园区满意度评价指标体系两两比较定量化结果，可构建一个 4×4 成对比较矩阵，如矩阵（5-1）所示。

$$F = \begin{bmatrix} 1 & 5/8 & 4/7 & 7/8 \\ 8/5 & 1 & 5/9 & 5/7 \\ 7/4 & 9/5 & 1 & 8/7 \\ 8/7 & 7/5 & 7/8 & 1 \end{bmatrix} \quad (5-1)$$

其二，一级指标公共配套成对比较矩阵。根据表 5-4 所示的一级指标公共配套两两比较定量化结果，可构建一个 4×4 成对比较矩阵，如矩阵（5-2）所示。

$$F1 = \begin{bmatrix} 1 & 3/5 & 3/2 & 4/7 \\ 5/3 & 1 & 2 & 5/8 \\ 2/3 & 1/2 & 1 & 4/9 \\ 7/4 & 8/5 & 9/4 & 1 \end{bmatrix} \quad (5-2)$$

其三，一级指标建筑风貌成对比较矩阵。根据表 5-5 所示的一级指标建筑风貌两两比较定量化结果，可构建一个 3×3 成对比较矩阵，如矩阵（5-3）所示。

$$F2 = \begin{bmatrix} 1 & 3/4 & 9/5 \\ 4/3 & 1 & 2 \\ 5/9 & 1/2 & 1 \end{bmatrix} \quad (5-3)$$

其四，一级指标工作环境成对比较矩阵。根据表 5-6 所示的一级指标工作环境两两比较定量化结果，可构建一个 2×2 成对比较矩阵，如矩阵 (5-4) 所示。

$$F3 = \begin{bmatrix} 1 & 1 \\ 1 & 1 \end{bmatrix} \quad (5-4)$$

其五，一级指标交通条件成对比较矩阵。根据表 5-7 所示的一级指标交通条件两两比较定量化结果，可构建一个 3×3 成对比较矩阵，如矩阵 (5-5) 所示。

$$F2 = \begin{bmatrix} 1 & 5/6 & 4/9 \\ 6/5 & 1 & 5/8 \\ 9/4 & 8/5 & 1 \end{bmatrix} \quad (5-5)$$

(3) 各级评价指标权重向量。

根据矩阵 (5-1) 至矩阵 (5-5) 所示的经开区城市更新园区满意度评价指标体系以及公共配套、建筑风貌、工作环境、交通条件四个一级指标成对比较矩阵，则经开区城市更新园区满意度评价指标体系以及公共配套、建筑风貌、工作环境、交通条件指标权重向量分别如矩阵 (5-6) 至矩阵 (5-10) 所示。

$$WF = [0.1821, 0.2174, 0.3355, 0.2649]^T \quad (5-6)$$
$$WF1 = [0.1991, 0.2825, 0.1459, 0.3725]^T \quad (5-7)$$
$$WF2 = [0.3515, 0.4410, 0.2075]^T \quad (5-8)$$
$$WF3 = [0.5000, 0.5000]^T \quad (5-9)$$
$$WF4 = [0.2273, 0.2876, 0.4851]^T \quad (5-10)$$

(4) 评价指标权重一致性检验。

根据经开区城市更新园区满意度评价指标体系以及公共配套、建筑风貌、工作环境、交通条件指标权重向量，得出：

由 WF 得到经开区城市更新园区满意度评价指标体系 4×4 矩阵的最大特征值为 $\lambda_{max} = 4.0503$，按一致性判断公式得到 CI = ($\lambda_{max} - 4$) / (4 - 1) = 0.0168，查询该矩阵的平均随机一致性指标 RI 值为 0.9，一致性比例 CR = CI/0.9 得到 CR = 0.0186，该值小于 0.10，可见，经开区城市更新园区满意度评价指标体系权重一致性检验通过。

由 WF1 得到一级指标公共配套 4×4 矩阵的最大特征值为 λ_{max} = 4.0235，按一致性判断公式得到 CI = ($\lambda_{max} - 4$) / (4 - 1) = 0.0078，查询该矩阵的 RI 值为 0.9，由 CR = CI/0.9，得到 CR = 0.0087，该值小于 0.10，可见，一级指标公共配套权重一致性检验通过。

由 WF2 得到一级指标建筑风貌 3×3 矩阵的最大特征值为 λ_{max} = 3.0037，按一致性判断公式得到 CI = ($\lambda_{max} - 3$) / (3 - 1) = 0.0019，查询该矩阵的 RI 值为 0.58，由 CR = CI/0.58 得到 CR = 0.0032，该值小于 0.10，可见，一级指标建筑风貌权重一致性检验通过。

由 WF3 得到一级指标工作环境 2×2 矩阵，其 RI 值为 0，一级指标工作环境权重一致性检验通过。

由 WF4 得到一级指标交通条件 3×3 矩阵的最大特征值为 λ_{max} = 3.0028，按一致性判断公式得到 CI = ($\lambda_{max} - 3$) / (3 - 1) = 0.0014，查询该矩阵的 RI 值为 0.58，由 CR = CI/0.58 得到 CR = 0.0024，该值小于 0.10，可见，一级指标交通条件权重一致性检验通过。

（5）评价指标权重确定。

根据经开区城市更新园区满意度评价指标体系以及公共配套、建筑风貌、工作环境、交通条件指标权重一致性检验结果，一致性检验通过，基于此，对经开区城市更新园区满意度评价指标体系的二级指标进行加权，得到二级指标总排序，由此可得到经开区城市更新园区满意度评价指标体系及其指标权重，如表 5-8 所示。

表 5-8　经开区城市更新园区满意度评价指标体系及其指标权重

一级指标	二级指标	二级指标权重
公共配套	医疗配套	0.0363
	教育配套	0.0514
	商业配套	0.0266
	餐饮配套	0.0678
建筑风貌	建筑形态	0.0764
	外围空间	0.0959
	水电设施	0.0451
工作环境	物理环境	0.1678
	人文环境	0.1678
交通条件	交通距离	0.0602
	交通设施	0.0762
	交通速度	0.1285

2. 经开区城市更新社区满意度评价指标体系

按评价指标两两比较定量化、评价指标成对比较矩阵构建、各级评价指标权重向量、评价指标权重一致性检验、评价指标权重确定的步骤计算经开区城市更新社区满意度评价指标权重。

（1）评价指标两两比较定量化。

在对经开区城市更新社区满意度评价指标体系各指标定量化中，现标记经开区城市更新社区满意度评价指标体系为 G，标记公共设施、住房条件、生活环境、交通条件分别为 f_5、f_6、f_7、f_8，标记医疗卫生、教育服务、商业设施、基础设施、住房空间、住房变化、社区环境、邻里关系、社区管理、交通距离、交通设施、交通速度分别为 $\varphi_{13} \sim \varphi_{24}$。在构造经开区城市更新社区满意度评价指标体系判断矩阵中，邀请城市更新规划者、领导者、实施者、社区居民、专家及学者等 20 人进行评分，以评分平均值作为指标之间的定量比较结果。根据专家组评分结果，经开区城市更新社区满意度评价指标体系各指标之间的比较定量化结果如下。

其一，经开区城市更新社区满意度评价指标体系比较定量化。经开区城市更新社区满意度评价指标体系包括公共设施、住房条件、生活环境、交通条件四个一级指标，四个指标两两比较定量化的结果如表5-9所示。

表5-9　经开区城市更新社区满意度评价指标体系两两比较定量化

G	f_5	f_6	f_7	f_8
f_5	1	6/5	9/5	7/5
f_6	5/6	1	7/5	7/6
f_7	5/9	5/7	1	5/7
f_8	5/7	6/7	7/5	1

其二，一级指标公共设施比较定量化。一级指标公共设施包括医疗卫生、教育服务、商业设施、基础设施四个二级指标，两两比较定量化的结果如表5-10所示。

表5-10　一级指标公共设施两两比较定量化

f_5	φ_{13}	φ_{14}	φ_{15}	φ_{16}
φ_{13}	1	5/6	6/5	9/7
φ_{14}	6/5	1	7/5	9/5
φ_{15}	5/6	5/7	1	7/5
φ_{16}	7/9	5/9	5/7	1

其三，一级指标住房条件比较定量化。一级指标住房条件包括住房空间、住房变化两个二级指标，两两比较定量化的结果如表5-11所示。

表5-11　一级指标住房条件两两比较定量化

f_6	φ_{17}	φ_{18}
φ_{17}	1	3/2
φ_{18}	2/3	1

其四，一级指标生活环境比较定量化。一级指标生活环境包括社区环境、邻里关系、社区管理三个二级指标，指标两两比较定量化的结果如表5-12所示。

表5-12　一级指标生活环境两两比较定量化

f_7	φ_{19}	φ_{20}	φ_{21}
φ_{19}	1	9/7	3/2
φ_{20}	7/9	1	2/3
φ_{21}	2/3	3/2	1

其五，一级指标交通条件比较定量化。一级指标交通条件包括交通距离、交通设施、交通速度三个二级指标，两两比较定量化的结果如表5-13所示。

表5-13　一级指标交通条件两两比较定量化

f_8	φ_{22}	φ_{23}	φ_{24}
φ_{22}	1	3/4	1/2
φ_{23}	4/3	1	2/3
φ_{24}	2	3/2	1

（2）成对比较矩阵构建。

根据表5-9至表5-13所示的经开区城市更新社区满意度评价指标体系以及公共设施、住房条件、生活环境、交通条件四个一级指标两两比较定量化结果，构建成对比较矩阵。

其一，经开区城市更新社区满意度评价指标体系成对比较矩阵。根据表5-9所示的经开区城市更新社区满意度评价指标体系两两比较定量化结果，可构建一个4×4成对比较矩阵，如矩阵（5-11）所示。

$$G = \begin{bmatrix} 1 & 6/5 & 9/5 & 7/5 \\ 5/6 & 1 & 7/5 & 7/6 \\ 5/9 & 5/7 & 1 & 5/7 \\ 5/7 & 6/7 & 7/5 & 1 \end{bmatrix} \quad (5-11)$$

其二，一级指标公共设施成对比较矩阵。根据表5-10所示的一级指标公共设施两两比较定量化结果，可构建一个4×4成对比较矩阵，如矩阵（5-12）所示。

$$F5 = \begin{bmatrix} 1 & 5/6 & 6/5 & 9/7 \\ 6/5 & 1 & 7/5 & 9/5 \\ 5/6 & 5/7 & 1 & 7/5 \\ 7/9 & 5/9 & 5/7 & 1 \end{bmatrix} \qquad (5-12)$$

其三，一级指标住房条件成对比较矩阵。根据表5-11所示的一级指标住房条件两两比较定量化结果，可构建一个 2×2 成对比较矩阵，如矩阵（5-13）所示。

$$F6 = \begin{bmatrix} 1 & 1 \\ 1 & 1 \end{bmatrix} \qquad (5-13)$$

其四，一级指标生活环境成对比较矩阵。根据表5-12所示的一级指标生活环境两两比较定量化结果，可构建一个 3×3 成对比较矩阵，如矩阵（5-14）所示。

$$F7 = \begin{bmatrix} 1 & 9/7 & 3/2 \\ 7/9 & 1 & 2/3 \\ 2/3 & 3/2 & 1 \end{bmatrix} \qquad (5-14)$$

其五，一级指标交通条件成对比较矩阵。根据表5-13所示的一级指标交通条件两两比较定量化结果，可构建一个 3×3 成对比较矩阵，如矩阵（5-15）所示。

$$F8 = \begin{bmatrix} 1 & 3/4 & 1/2 \\ 4/3 & 1 & 5/7 \\ 2 & 7/5 & 1 \end{bmatrix} \qquad (5-15)$$

（3）各级指标权重向量。

根据矩阵（5-11）至矩阵（5-15）所示的经开区城市更新社区满意度评价指标体系以及公共设施、住房条件、生活环境、交通条件四个一级指标成对比较矩阵，经开区城市更新社区满意度评价指标体系以及公共设施、住房条件、生活环境、交通条件指标权重向量分别如向量（5-16）

至向量（5-20）所示。

$$WG = [0.3224, 0.2640, 0.1784, 0.2352]^T \quad (5-16)$$

$$WF5 = [0.2607, 0.3229, 0.2339, 0.1825]^T \quad (5-17)$$

$$WF6 = [0.4000, 0.6000]^T \quad (5-18)$$

$$WF7 = [0.4084, 0.2636, 0.3281]^T \quad (5-19)$$

$$WF8 = [0.2315, 0.3159, 0.4526]^T \quad (5-20)$$

（4）评价指标权重一致性检验。

根据经开区城市更新社区满意度评价指标体系以及公共设施、住房条件、生活环境、交通条件指标权重向量，得出：

由 WG 得到经开区城市更新社区满意度评价指标体系 4×4 矩阵的最大特征值为 $\lambda \max = 4.0022$，按一致性判断公式得到 CI = ($\lambda \max - 4$) / (4 - 1) = 0.00073，查询该矩阵的 RI 值为 0.9，由公式 CR = CI/0.9 得到 CR = 0.0008，该值小于 0.10，可见，经开区城市更新社区满意度评价指标体系权重一致性检验通过。

由 WF5 得到一级指标公共设施 4×4 矩阵的最大特征值为 $\lambda \max = 4.0065$，按一致性判断公式 CI = ($\lambda \max - 4$) / (4 - 1) = 0.0022，查询该矩阵的 RI 值为 0.9，由公式 CR = CI/RI 得到 CR = 0.0024，该值小于 0.10，可见，一级指标公共设施权重一致性检验通过。

由 WF6 得到一级指标住房条件 2×2 矩阵，其 RI 值为 0，一级指标住房条件权重一致性检验通过。

由 WF7 得到一级指标生活环境 3×3 矩阵的最大特征值为 $\lambda \max = 3.0349$，按一致性判断公式 CI = ($\lambda \max - 3$) / (3 - 1) = 0.0175，查询该矩阵的 RI 值为 0.58，由公式 CR = CI/0.58 得到 CR = 0.0301，该值小于 0.10，可见，一级指标生活环境权重一致性检验通过。

由 WF8 得到一级指标交通条件 3×3 矩阵的最大特征值为 $\lambda \max = 3.0005$，按一致性判断公式 CI = ($\lambda \max - 3$) / (3 - 1) = 0.0003，查询

该矩阵的 RI 值为 0.58，由公式 CR = CI/0.58 得到 CR = 0.0005，该值小于 0.10，可见，一级指标交通条件权重一致性检验通过。

（5）评价指标权重确定。

根据经开区城市更新社区满意度评价指标体系以及公共设施、住房条件、生活环境、交通条件指标权重一致性检验结果，一致性检验通过，基于此，对经开区城市更新社区满意度评价指标体系的二级指标进行加权，得到二级指标总排序，由此可得到经开区城市更新社区满意度评价指标体系及其指标权重，如表 5 - 14 所示。

表 5 - 14　经开区城市更新社区满意度评价指标体系及其指标权重

一级指标	二级指标	二级指标权重
公共设施	医疗卫生	0.0840
	教育服务	0.1041
	商业设施	0.0754
	基础设施	0.0588
住房条件	住房空间	0.1056
	住房变化	0.1584
生活环境	社区环境	0.0729
	邻里关系	0.0470
	社区管理	0.0585
交通条件	交通距离	0.0544
	交通设施	0.0743
	交通速度	0.1065

（三）以熵权法设置经开区城市更新满意度评价指标权重

根据经开区城市更新园区满意度评价指标体系和经开区城市更新社区满意度评价指标体系，设计评分表，每项指标按李克特五级量表进行评价，并按很满意、满意、一般、不满意、很不满意分别赋分 5、4、3、2、1。

按熵权法设置客观权重的步骤计算经开区城市更新园区满意度评价指

标的权重。选择8个园区的企业员工200人展开调查，以园区为单位，计算每个指标平均得分作为指标的评分，以减少园区内误差，以此，得到8个园区的评分，如表5-15所示。

表5-15 经开区城市更新园区满意度评价平均得分

指标	园区1	园区2	园区3	园区4	园区5	园区6	园区7	园区8
医疗配套	1.110	4.715	3.064	1.789	4.313	2.624	4.146	3.963
教育配套	1.588	2.924	3.787	3.635	3.401	3.981	3.099	1.327
商业配套	1.068	3.076	3.395	3.053	1.379	2.934	2.363	1.083
餐饮配套	2.747	1.290	1.313	3.905	1.170	4.196	1.343	2.188
建筑形态	2.436	2.126	4.186	2.692	3.255	3.874	3.018	4.576
外围空间	3.803	2.849	2.013	3.223	1.050	1.937	2.780	4.880
水电设施	3.260	2.135	3.547	1.958	2.165	3.286	1.666	1.309
物理环境	3.029	2.670	2.907	1.174	2.376	2.798	1.015	2.705
人文环境	1.578	3.055	4.555	2.238	1.542	3.378	2.150	4.304
交通距离	3.280	1.381	4.892	2.751	4.782	2.585	3.622	3.328
交通设施	3.721	2.958	3.565	1.811	1.577	4.316	3.959	1.515
交通速度	2.672	4.398	2.437	4.025	4.773	2.481	4.829	2.476

对表5-15中经开区城市更新园区满意度评价平均得分，按 $B_{ij} = \{P_{ij}\}_{m \times 10}$ 进行标准化处理，其中，$P_{ij} = \dfrac{x_{ij}}{\sum\limits_{i=1}^{m} x_{ij}}$ 表示矩阵中第 x_{ij} 个元素在第 j 个评价指标中的贡献度，以对判断矩阵的各个元素进行归一化处理，从而形成一个标准化的判断矩阵，得到标准化值，如表5-16所示。

表5-16 经开区城市更新园区满意度评价平均得分标准化处理结果

指标	园区1	园区2	园区3	园区4	园区5	园区6	园区7	园区8
医疗配套	0.0432	0.0669	0.0582	0.1513	0.0931	0.1688	0.1687	0.1622
教育配套	0.1833	0.1232	0.1676	0.0711	0.0813	0.1264	0.1105	0.1430
商业配套	0.1191	0.1595	0.1850	0.0723	0.1600	0.0893	0.1835	0.1557
餐饮配套	0.0695	0.1531	0.1664	0.2151	0.1029	0.1430	0.1013	0.0629

续表

指标	园区1	园区2	园区3	园区4	园区5	园区6	园区7	园区8
建筑形态	0.1677	0.1432	0.0751	0.0645	0.1244	0.0466	0.1120	0.1272
外围空间	0.1020	0.1677	0.1599	0.2312	0.1481	0.0860	0.1700	0.1498
水电设施	0.1612	0.1305	0.1288	0.0740	0.1154	0.1234	0.0862	0.0544
物理环境	0.1541	0.0559	0.0590	0.1205	0.1749	0.2166	0.0677	0.1449
人文环境	0.0432	0.0669	0.0582	0.1513	0.0931	0.1688	0.1687	0.1622
交通距离	0.1833	0.1232	0.1676	0.0711	0.0813	0.1264	0.1105	0.1430
交通设施	0.1191	0.1595	0.1850	0.0723	0.1600	0.0893	0.1835	0.1557
交通速度	0.0695	0.1531	0.1664	0.2151	0.1029	0.1430	0.1013	0.0629

对标准化判断矩阵，每个元素按 $P_{ij} \times \ln(P_{ij})$ 公式获得一个新的矩阵，并计算熵值，得到医疗配套、教育配套、商业配套、餐饮配套、建筑形态、外围空间、水电设施、物理环境、人文环境、交通距离、交通设施、交通速度的熵值分别为：0.96182、0.97321、0.95892、0.94120、0.98508、0.96127、0.97470、0.97215、0.96479、0.97311、0.96611、0.97951。计算各指标贡献值一致性程度，其结果分别为：0.03818、0.02679、0.04108、0.05880、0.01492、0.03873、0.02530、0.02785、0.03521、0.02689、0.03389、0.02049。根据各指标贡献值一致性程度，以此计算评价指标的熵值权重为：0.0984、0.0690、0.1058、0.1515、0.0384、0.0998、0.0652、0.0718、0.0907、0.0693、0.0873、0.0528。

综上所述，得到经开区城市更新园区满意度评价指标医疗配套、教育配套、商业配套、餐饮配套、建筑形态、外围空间、水电设施、物理环境、人文环境、交通距离、交通设施、交通速度的客观权重分别为：0.0984、0.0690、0.1058、0.1515、0.0384、0.0998、0.0652、0.0718、0.0907、0.0693、0.0873、0.0528。

按熵权法设置客观权重的步骤计算经开区城市更新社区满意度评价指标的权重。选择8个社区的居民200人展开调查，以社区为单位，计算每个指标平均得分为指标评分,以减少社区内误差,以此,得到 8 个社区的评分,如表 5-17 所示。

表 5-17 经开区城市更新社区满意度评价平均得分

指标	社区 1	社区 2	社区 3	社区 4	社区 5	社区 6	社区 7	社区 8
医疗卫生	2.770	2.631	3.649	1.623	2.344	2.737	4.295	1.808
教育服务	3.426	4.728	3.061	4.868	4.912	3.413	4.581	1.106
商业设施	4.769	4.711	1.331	1.773	4.067	2.112	1.422	3.628
基础设施	3.820	3.070	2.426	4.323	2.330	4.952	4.942	3.375
住房空间	4.918	3.678	1.403	2.189	2.832	1.632	4.852	4.419
住房变化	2.575	4.861	2.700	4.326	3.635	1.896	2.707	4.141
社区环境	3.195	1.521	3.992	3.487	4.776	4.552	4.518	3.985
邻里关系	1.070	4.045	4.032	2.307	3.921	4.819	1.232	1.344
社区管理	2.770	2.631	3.649	1.623	2.344	2.737	4.295	1.808
交通距离	3.426	4.728	3.061	4.868	4.912	3.413	4.581	1.106
交通设施	4.769	4.711	1.331	1.773	4.067	2.112	1.422	3.628
交通速度	3.820	3.070	2.426	4.323	2.330	4.952	4.942	3.375

对表 5-17 中经开区城市更新社区满意度评价平均得分,按 $B_{ij} = \{P_{ij}\}_{m \times 10}$ 进行标准化处理,其中, $P_{ij} = \dfrac{x_{ij}}{\sum\limits_{i=1}^{m} x_{ij}}$ 表示矩阵中第 x_{ij} 个元素在第 j 个评价指标中的贡献度,以对判断矩阵中的各个元素归一化处理,从而形成一个标准化的判断矩阵,得到标准化值,如表 5-18 所示。

表 5-18 经开区城市更新社区满意度评价平均得分标准化处理结果

指标	社区 1	社区 2	社区 3	社区 4	社区 5	社区 6	社区 7	社区 8
医疗卫生	0.1044	0.0900	0.1615	0.0652	0.0813	0.1048	0.1504	0.0760
教育服务	0.1291	0.1617	0.1355	0.1955	0.1705	0.1307	0.1605	0.0465
商业设施	0.1797	0.1611	0.0589	0.0712	0.1411	0.0809	0.0498	0.1524
基础设施	0.1439	0.1050	0.1074	0.1736	0.0809	0.1896	0.1731	0.1418
住房空间	0.1853	0.1258	0.0621	0.0879	0.0983	0.0625	0.1700	0.1856

续表

指标	社区1	社区2	社区3	社区4	社区5	社区6	社区7	社区8
住房变化	0.0970	0.1662	0.1195	0.1738	0.1261	0.0726	0.0948	0.1740
社区环境	0.1204	0.0520	0.1767	0.1400	0.1657	0.1743	0.1583	0.1674
邻里关系	0.0403	0.1383	0.1784	0.0927	0.1361	0.1845	0.0431	0.0564
社区管理	0.1044	0.0900	0.1615	0.0652	0.0813	0.1048	0.1504	0.0760
交通距离	0.1291	0.1617	0.1355	0.1955	0.1705	0.1307	0.1605	0.0465
交通设施	0.1797	0.1611	0.0589	0.0712	0.1411	0.0809	0.0498	0.1524
交通速度	0.1439	0.1050	0.1074	0.1736	0.0809	0.1896	0.1731	0.1418

对标准化判断矩阵中每个元素按 $P_{ij} \times \ln(P_{ij})$ 公式获得一个新的矩阵，并计算熵值，得到医疗卫生、教育服务、商业设施、基础设施、住房空间、住房变化、社区环境、邻里关系、社区管理、交通距离、交通设施、交通速度的熵值分别为：0.96685、0.97545、0.96755、0.96319、0.98287、0.96235、0.95386、0.95233、0.96757、0.95889、0.95758、0.97299。计算各指标贡献值一致性程度，其结果分别为：0.03315、0.02455、0.03245、0.03681、0.01713、0.03765、0.04614、0.04767、0.03243、0.04111、0.04242、0.02701。根据各指标贡献值一致性程度，以此计算评价指标的熵值权重为：0.0792、0.0587、0.0775、0.0879、0.0409、0.0900、0.1102、0.1139、0.0775、0.0982、0.1014、0.0645。

综上所述，得到经开区城市更新社区满意度评价指标医疗卫生、教育服务、商业设施、基础设施、住房空间、住房变化、社区环境、邻里关系、社区管理、交通距离、交通设施、交通速度的客观权重分别为：0.0792、0.0587、0.0775、0.0879、0.0409、0.0900、0.1102、0.1139、0.0775、0.0982、0.1014、0.0645。

（四）以乘法合成法设置经开区城市更新满意度评价指标权重

乘法合成法对采用层次分析法得到的经开区城市更新满意度评价指标

权重、采用熵权法得到的经开区城市更新满意度评价指标权重进行组合，分别得到经开区城市更新园区满意度评价指标体系和经开区城市更新社区满意度评价指标体系。

应用乘法合成法设置经开区城市更新园区满意度评价指标权重，其结果如表 5-19 所示。

表 5-19 经开区城市更新园区满意度评价指标权重

一级指标	二级指标	二级指标权重（层次分析法）	二级指标权重（熵权法）	二级指标权重（乘法合成法）	二级指标权重
公共配套	医疗配套	0.0363	0.0984	0.0036	0.0444
	教育配套	0.0514	0.0690	0.0035	0.0440
	商业配套	0.0266	0.1058	0.0028	0.0349
	餐饮配套	0.0678	0.1515	0.0103	0.1276
建筑风貌	建筑形态	0.0764	0.0384	0.0029	0.0364
	外围空间	0.0959	0.0998	0.0096	0.1189
	水电设施	0.0451	0.0652	0.0029	0.0365
工作环境	物理环境	0.1678	0.0718	0.0120	0.1496
	人文环境	0.1678	0.0907	0.0152	0.1890
交通条件	交通距离	0.0602	0.0693	0.0042	0.0518
	交通设施	0.0762	0.0873	0.0067	0.0826
	交通速度	0.1285	0.0528	0.0068	0.0843

如表 5-19 所示，经开区城市更新园区满意度评价指标重要性程度为：人文环境＞物理环境＞餐饮配套＞外围空间＞交通速度＞交通设施＞交通距离＞医疗配套＞教育配套＞水电设施＞建筑形态＞商业配套。

应用乘法合成法设置经开区城市更新社区满意度评价指标权重，其结果如表 5-20 所示。

表 5-20 经开区城市更新社区满意度评价指标权重

一级指标	二级指标	二级指标权重（层次分析法）	二级指标权重（熵权法）	二级指标权重（乘法合成法）	二级指标权重
公共设施	医疗卫生	0.0840	0.0792	0.0067	0.0831
	教育服务	0.1041	0.0587	0.0061	0.0764
	商业设施	0.0754	0.0775	0.0058	0.0730
	基础设施	0.0588	0.0879	0.0052	0.0646
住房条件	住房空间	0.1056	0.0409	0.0043	0.0540
	住房变化	0.1584	0.0900	0.0143	0.1782
生活环境	社区环境	0.0729	0.1102	0.0080	0.1004
	邻里关系	0.0470	0.1139	0.0054	0.0669
	社区管理	0.0585	0.0775	0.0045	0.0567
交通条件	交通距离	0.0544	0.0982	0.0053	0.0668
	交通设施	0.0743	0.1014	0.0075	0.0942
	交通速度	0.1065	0.0645	0.0069	0.0858

如表 5-20 所示，经开区城市更新社区满意度评价指标重要程度为：住房变化 > 社区环境 > 交通设施 > 交通速度 > 医疗卫生 > 教育服务 > 商业设施 > 邻里关系 > 交通距离 > 基础设施 > 社区管理 > 住房空间。

第三节 经开区城市更新满意度评价结果分析

根据经开区城市更新满意度评价模型，分园区、社区分别设计城市更新满意度测评表，测评并分析经开区城市更新满意度情况。

一、经开区城市更新园区满意度评价结果分析

（一）经开区城市更新园区满意度评价问卷设计

根据经开区城市更新满意度评价指标体系，设计评价问卷，问卷包括基

本情况、公共配套、建筑风貌、工作环境、交通条件五个维度。其中，基本情况包括性别、年龄、学历、从事的行业、所在的企业登记注册类型、工作岗位、所在企业的规模（人）、在本园区或企业上班的年限、上下班通勤的主要交通方式、每天通勤花的时间（单程）10个方面。公共配套包括所在企业周边医疗卫生、教育服务、商业设施、基础设施4个方面。建筑风貌包括所在企业办公点建筑形态、空间景观、水电设施3个方面。工作环境包括所在企业办公的空间物理环境、人文环境2个方面。交通条件包括所在企业离家距离、上下班的交通工具便利性、上下班的交通通畅性3个方面。

（二）经开区城市更新园区满意度评价调查分析

对经开区城市更新涉及园区发放调查问卷450份，回收问卷441份，有效问卷432份，对有效问卷进行统计分析。

其一，描述性统计分析。对被试人员基本情况进行统计，其结果如表5-21所示。被试人员基本情况包含性别、年龄、学历、从事的行业、所在的企业登记注册类型、工作岗位、所在企业的规模（人）、在本园区或企业上班的年限、上下班通勤的主要交通方式、每天通勤花的时间（单程）等，数据全面具有代表性。

表5-21 经开区城市更新社区满意度被试人员基本情况

基本情况	选项	频率	百分比（%）	有效百分比（%）	累计百分比（%）
性别	男	199	46.1	46.1	46.1
	女	233	53.9	53.9	100
年龄	30岁以下	232	53.7	53.7	53.7
	31~45岁	156	36.1	36.1	89.8
	46~60岁	44	10.2	10.2	100.0
学历	高中或中专、技校	22	5.1	5.1	5.1
	大学专科或本科	288	66.7	66.7	71.8
	硕士研究生及以上	122	28.2	28.2	100

续表

基本情况	选项	频率	百分比（%）	有效百分比（%）	累计百分比（%）
从事的行业	IT/软硬件服务/电子商务/因特网运营	1	0.2	0.2	0.2
	房地产开发/建筑工程/装潢/设计	26	6.0	6.0	6.3
	会计/审计	14	3.2	3.2	9.5
	其他行业	64	14.8	14.8	24.3
	物业管理/商业中心	40	9.3	9.3	33.6
	制药/生物工程/医疗设备/器械	198	45.8	45.8	79.4
	制造业	69	16.0	16.0	95.4
	中介/咨询/猎头/认证	20	4.6	4.6	100
所在的企业登记注册类型	股份有限公司	2	0.5	0.5	0.5
	国有企业	16	3.7	3.7	4.2
	私营企业	391	90.5	90.5	94.7
	外资企业	1	0.2	0.2	94.9
	有限责任公司	21	4.9	4.9	99.8
	中外合资经营企业	1	0.2	0.2	100
工作岗位	其他	3	0.7	0.7	0.7
	其他[VP]	2	0.5	0.5	1.2
	企业职员	314	72.7	72.7	73.8
	专业技术人员	113	26.2	26.2	100.0
所在企业的规模	50人及以下	220	50.9	50.9	50.9
	51~99人	109	25.2	25.2	76.2
	100~199人	99	22.9	22.9	99.1
	200人以上	4	0.9	0.9	100
在本园区或企业上班的年限	1	53	12.3	12.3	12.3
	2	120	27.8	27.8	40.0
	3	90	20.8	20.8	60.9
	4	49	11.3	11.3	72.2
	5	31	7.2	7.2	79.4
	6	27	6.3	6.3	85.6
	7	26	6.0	6.0	91.7

续表

基本情况	选项	频率	百分比（%）	有效百分比（%）	累计百分比（%）
在本园区或企业上班的年限	8	11	2.5	2.5	94.2
	9	5	1.2	1.2	95.4
	10	5	1.2	1.2	96.5
	11	3	0.7	0.7	97.2
	12	4	0.9	0.9	98.1
	13	2	0.5	0.5	98.6
	14	1	0.2	0.2	98.8
	15	3	0.7	0.7	99.5
	16	1	0.2	0.2	99.8
	18	1	0.2	0.2	100
上下班通勤的主要交通方式	步行	50	11.6	11.6	11.6
	步行/私家车/公交车	6	1.4	1.4	13.0
	公交车	202	46.8	46.8	59.7
	摩托车	1	0.2	0.2	60.0
	摩托车/私家车	2	0.5	0.5	60.4
	其他[班车]	1	0.2	0.2	60.6
	私家车	166	38.4	38.4	99.1
	私家车/公交车	2	0.5	0.5	99.5
	自行车	2	0.5	0.5	100
每天通勤花的时间	100分钟及以上	78	18.1	18.1	18.1
	30~59分钟	188	43.5	43.5	61.6
	30~59分钟|60~100分钟	1	0.2	0.2	61.8
	30分钟之内	153	35.4	35.4	97.2
	30分钟之内|30~59分钟	1	0.2	0.2	97.5
	60~100分钟	11	2.5	2.5	100

其二，评分结果。利用表5-19所示的经开区城市更新园区满意度评价指标权重，对432位被试人员的评分进行加权统计，并计算其平均得分，将平均得分对应到评语集{很满意，满意，一般，不满意，很不满意}

中,其中评语集很满意得分为5分,满意为4~5分(不含5分),一般为3~4分(不含4分),不满意为2~3分(不含3分),很不满意为1~2分(不含2分)。加权计算平均得分情况如表5-22所示。加权得分结果显示,园区被试人员评价合计得分为4.5205,在评语集中为满意。此结果表明当前,园区对经开区的城市更新满意度比较高。

表5-22 经开区城市更新园区满意度评价问卷评分情况

一级指标	二级指标	二级指标权重	加权得分	加权得分排序
公共配套	医疗配套	0.0444	0.2003	8
	教育配套	0.0440	0.1985	9
	商业配套	0.0349	0.1575	10
	餐饮配套	0.1276	0.5757	3
建筑风貌	建筑形态	0.0364	0.1465	12
	外围空间	0.1189	0.4786	4
	水电设施	0.0365	0.1469	11
工作环境	物理环境	0.1496	0.7241	2
	人文环境	0.1890	0.9148	1
交通条件	交通距离	0.0518	0.2315	7
	交通设施	0.0826	0.3692	6
	交通速度	0.0843	0.3768	5
合计		—	4.5205	

(三)经开区城市更新园区满意度评价结果分析

问卷调查分析显示,园区对经开区的城市更新满意度比较高,为此,要从公共配套、建筑风貌、工作环境、交通条件等方面不断完善,重点从工作环境的人文环境及物理环境方面,公共配套的餐饮配套方面,建筑风貌的外围空间方面,交通条件的交通速度、交通设施及交通距离方面开展工作。具体如下。

在工作环境方面,从人文环境及物理环境两个方面加强园区城市更新。在人文环境提升方面,加强工业园区的文化建设,定期举办文化节、艺术展、技术交流会等文化活动，促进园区内企业与企业之间、企业与员工之间的文化交流与融合。建立园区志愿者团队，鼓励员工参与服务，增强园区内员工的社会责任感和归属感。设立园区图书馆或阅览室，提供丰富的书籍和资料，满足员工的精神文化需求。加强办公室文化建设，实行园区文化引领，为建立和谐的工作关系及人际关系提供支持。在物理环境改善方面，加强园区内的环保设施建设，建立完善的环保管理体系，确保企业的排放符合国家和地方标准。实施园区生态修复工程，对受损的生态环境进行治理和恢复，提升园区的生态质量。推广绿色生产和循环经济模式，鼓励企业采用节能环保技术和设备，降低生产过程中的能耗和排放。建设数据中心和云平台，为园区内的企业提供数据支持和信息服务。推广物联网、大数据等新技术在园区内的应用，促进园区的智能化和数字化转型。

在公共配套的餐饮配套方面，园区企业员工对餐饮配套需求比较高，为此，可进一步完善餐饮配套。其一，建立多元化餐饮服务体系。设立集中餐饮区，在园区内规划并建设集中餐饮区，便于员工集中就餐，减少寻找餐厅的时间成本；餐饮区应布局合理，考虑到员工的行走路线和交通流线，避免造成拥堵。其二，完善餐饮配套设施，建设休闲就餐环境。在餐饮区设置休息区、娱乐设施等，为员工提供一个轻松愉悦的就餐环境；注重绿化和景观设计，营造舒适宜人的就餐氛围。其三，推动园区餐饮服务的智慧化升级。利用物联网、大数据等技术，建立智能餐饮管理系统，对餐饮服务进行精细化管理。通过数据分析，了解员工的餐饮偏好和需求，为餐饮企业提供定制化服务建议。鼓励餐饮企业引入自助取餐机、智能送餐机器人等设备，提升餐饮服务的自动化和智能化水平。特别是对于夜班或加班员工，提供送餐上门服务，确保员工能够及时享用美食。

在建筑风貌的外围空间方面，加强园区内的绿化建设，增加绿地面积，种植多样化的植物，提升园区的生态环境质量。在重要节点和公共区域设置景观小品、雕塑等,美化园区环境,增强文化氛围。规划并建设多功能的公共空间,如休闲广场、健身区、步行道等,为员工和访客提供舒适的休闲场所。鼓励企业开放内部空间,与园区公共空间相融合,形成开放共享的园区氛围。优化园区内的交通流线,确保车辆和行人的顺畅通行;规划并建设充足的停车位,满足园区内企业和员工的停车需求;引入智能交通管理系统,提高交通管理的效率和便捷性。

在交通条件的交通速度、交通设施及交通距离方面,提升园区整体运行效率、优化营商环境。其一,提升交通速度。对园区内的道路进行合理规划和优化,构建高效、畅通的道路网络;拓宽瓶颈路段,提高道路通行能力,减少拥堵现象;加强与周边交通干线的连接,形成便捷的交通网络。提供实时路况信息,引导车辆合理绕行,避免拥堵。其二,完善交通设施。在园区内增设公交车站、轨道交通站点等公共交通设施,方便员工和访客出行。优化公交线路和发车频次,确保公共交通服务的便捷性和可靠性。建设和完善非机动车道、步行道等慢行系统,鼓励绿色出行方式。设置安全舒适的步行空间,提升园区的步行友好性。其三,缩短交通距离。鼓励相关企业在园区内集聚发展,形成产业集群效应。鼓励园区内企业和个人使用共享汽车、共享单车等共享出行工具,减少私人车辆的使用。

二、经开区城市更新社区满意度评价结果分析

(一)经开区城市更新社区满意度评价问卷设计

根据经开区城市更新满意度评价指标体系,设计评价问卷,问卷包括基本情况、公共设施、住房条件、生活环境、交通条件五个维度。其中,基本情况包括性别、年龄、学历、从事的行业、上下班通勤的主要交通方式、每天通勤花的时间(单程)6个方面。公共设施包括社区周边提供的医疗卫生、教育服务、商业设施、基础设施 4 个方面。住房条件包括城市

更新后的住房空间、住房变化2个方面。生活环境包括社区环境、邻里关系、社区管理3个方面。交通条件包括所在社区离工作单位的距离、上下班的交通工具便利性、上下班的交通通畅性3个方面。

（二）经开区城市更新社区满意度评价调查分析

对经开区城市更新涉及社区发放调查问卷400份，回收问卷392份，有效问卷386份，对有效问卷进行统计分析。用表5-20中经开区城市更新社区满意度评价指标权重，对386位被试人员的评分进行加权统计，并计算其平均得分，将平均得分对应到评语集｛很满意，满意，一般，不满意，很不满意｝中，其中评语集很满意得分为5分，满意为4~5分（不含5分），一般为3~4分（不含4分），不满意为2~3分（不含3分），很不满意为1~2分（不含2分）。加权计算平均得分情况如表5-23所示。加权得分结果显示，社区被试人员评价合计得分为3.4939，在评语集中为一般。此结果表明当前，社区对经开区的城市更新满意度一般。

表5-23 经开区城市更新社区满意度评价问卷评分情况

一级指标	二级指标	二级指标权重	加权得分	加权得分排序
公共设施	医疗卫生	0.0831	0.2739	6
	教育服务	0.0764	0.3022	4
	商业设施	0.0730	0.2567	8
	基础设施	0.0646	0.1575	11
住房条件	住房空间	0.0540	0.5434	2
	住房变化	0.1782	0.4156	3
生活环境	社区环境	0.1004	0.1978	9
	邻里关系	0.0669	0.1810	10
	社区管理	0.0567	0.2765	5
交通条件	交通距离	0.0668	0.0694	12
	交通设施	0.0942	0.5460	1
	交通速度	0.0858	0.2739	6
合计			3.4939	

(三)经开区城市更新社区满意度评价结果分析

问卷调查分析显示,社区对经开区的城市更新满意度不高,为此,要从交通条件、住房条件、公共设施、生活环境等方面不断完善,重点从交通条件的交通设施方面、住房条件的住房空间及住房变化方面、公共设施的教育服务及医疗卫生方面、生活环境的社区管理方面着手。具体如下。

在交通条件的交通设施方面,其一,增设和优化公交站点。在社区周边合理增设公交站点,提高公交线网密度,方便居民出行;优化公交线路,确保公交线路覆盖社区主要居民区、商业区及就业集中区。在社区周边有轨道交通站点,应建设便捷的接驳设施,如公交接驳站、自行车租赁点等,实现公交与轨道交通的无缝换乘。其二,停车设施的完善。在社区周边建设公共停车场,满足居民及访客停车需求;推广智能停车系统,提高停车位利用率和管理效率;在符合道路交通安全和畅通要求的前提下,合理规划路边停车位,缓解停车难问题。

在住房条件的住房空间及住房变化方面,其一,住房空间的优化。采用灵活多变的家具设计,如多功能沙发床、折叠桌椅等,提高居住空间的利用率。充分利用垂直空间,如安装壁橱、吊柜等,增加储物空间。优化通风设计,保证室内空气流通,提高居住健康水平。其二,住房改造与升级。对社区内的老旧住房进行全面摸底调查,制订改造升级方案;改造内容可包括外墙保温、屋顶防水、门窗更换、室内管线改造等,提高住房的保温、防水、隔音等性能,特别关注"适老"设施的建设,如安装扶手、紧急呼叫系统等,方便老年居民生活。鼓励建设绿色建筑和节能住房,采用环保材料和技术,提高住房的节能性和环保性。

在公共设施的教育服务及医疗卫生方面,其一,教育服务的完善。根据社区人口分布和学龄儿童数量,合理规划学校布局,确保每个社区都有足够的学位供应;加强与周边学校的合作,实现教育资源共享,提高整体教育质量。其二，医疗卫生的完善。在社区内或周边建设综合性医院、社区卫生服务中心等医疗设施，确保居民能够就近就医。加强社区卫生服务中心和卫生服务站点的建设和管理，提高基层医疗服务能力。推广家庭医生签约服务，为居民提供连续、综合、个性化的健康管理服务。

在生活环境的社区管理方面，提升居民生活质量、构建和谐社区。其一，加强社区基础设施建设。增设或升级社区内的公共设施，如儿童游乐区、健身器材、休闲座椅等，满足居民多样化的生活需求。优化社区道路布局，确保交通顺畅，同时设置足够的停车位和充电桩，方便居民出行和停车。加大社区绿化力度，种植更多树木和花草，提升绿化覆盖率，改善空气质量。设计并建设具有特色的社区景观，如小花园、水景等，增加居民的休闲场所。其二，提升社区治理水平。引入居民参与机制，鼓励居民参与社区事务的决策和管理，增强居民的归属感和责任感。利用现代信息技术，建立社区智能化管理平台，实现社区管理的信息化和智能化，通过智能安防系统、环境监测系统等手段，提高社区管理的效率和安全性。其三，优化社区服务体系。构建社区服务中心、社区卫生服务站、社区文化活动中心等多层次、全覆盖的社区服务体系。整合社区资源，提供家政服务、养老服务等便捷高效的社区服务。建立健全社区矛盾调解机制，及时化解邻里纠纷和社区矛盾。鼓励居民之间相互帮助和关爱，营造温馨和谐的社区氛围。

参 考 文 献

[1] 包存宽，申沐曦，李红丽．基于"时间—空间—关系"三个维度的美丽城市建设研究［J］．生态经济，2025，41（1）：19-27.

[2] 曹可心，邓羽．可持续城市更新的时空演进路径及驱动机理研究进展与展望［J］．地理科学进展，2021，40（11）：1942-1955.

[3] 陈红霞．开发区产城融合发展的演进逻辑与政策应对——基于京津冀区域的案例分析［J］．中国行政管理，2017（11）：95-99.

[4] 陈丽敏，刘春玲，谢昕彤，等．基于ECSI模型的医疗服务满意度评价研究——以S市公立医院为例［J］．现代医院，2024，24（6）：831-835+839.

[5] 陈强远，殷赏，程芸倩，等．围绕创新链布局产业链：基于中关村科技园周边新企业进入的分析［J］．中国工业经济，2024（1）：75-92.

[6] 陈润．以城市更新打造宜居、韧性、智慧城市［J］．唯实，2024（4）：73-75.

[7] 陈晓红，周源．创业教育在区域创新集群中的作用研究——以中关村和"剑桥现象"为例［J］．科学管理研究，2024，42（4）：92-101.

[8] 邓媛．基于Kano模型的移动终端NFC功能交互设计研究［J］．鞋类工艺与设计，2024，4（16）：161-164.

[9] 丁艳丽．人才支撑中关村崛起［J］．中国人才，2019（10）：29-31.

[10] 杜宝东．产城融合的多维解析［J］．规划师，2014，30（6）：5-9.

[11] 国家发展改革委办公厅关于开展产城融合示范区建设有关工作的通知（发改办地区〔2015〕1710号）.

[12] 郭剑英，李银花. 基于四分图模型的农民村庄整治满意度研究——以江苏丰县华山村为样本［J］. 中国农业资源与区划，2018，39（2）：164-168+229.

[13] 郭子健. 产城融合理念下的大连钻石湾城市规划策略研究［D］. 哈尔滨：哈尔滨工业大学硕士学位论文，2019.

[14] 何淼，宋伟轩，汪毅. 文化赋能城市更新的理论逻辑与现实路径——以南京老城南为例［J］. 自然资源学报，2025，40（1）：147-163.

[15] 黄耿志，李郁，张文忠，等. 高质量发展转型背景下的中国城市更新：挑战与路径［J］. 自然资源学报，2025，40（1）：1-19.

[16] 黄天航，赵小渝，陈劭锋. 多层次视角方法分析创新发展的可持续转型研究——以德国鲁尔区转型发展为例［J］. 行政管理改革，2021（12）：76-84.

[17] 惠利，陈锐钒，黄斌. 新结构经济学视角下资源型城市高质量发展研究——以德国鲁尔区的产业转型与战略选择为例［J］. 宏观质量研究，2020，8（5）：100-113.

[18] 金宁. 公共交通乘客满意度测评理论及实证研究［D］. 长春：吉林大学博士学位论文，2009.

[19] 景国胜，宋程. 数据驱动的城市更新与交通治理协同探索——以广州市为例［J］. 城市发展研究，2024，31（5）：48-55.

[20] 经开区城市更新盘活产业用地266公顷［EB/OL］.［2022-09-22］. http://kfqgw.beijing.gov.cn/zwgkkfq/yzxwkfq/202209/t20220921_2820095.html.

[21] 孔翔，杨帆. "产城融合"发展与开发区的转型升级——基于对江苏昆山的实地调研［J］. 经济问题探索，2013（5）：124-128.

[22] Krueger R., Gibbs D. "Thirdwave" Sustainability? Smart Growth and Regional Development in the USA [J]. Regional Studies, 2008 (9): 1263-1274.

[23] 李晓晖, 黄海雄, 范嗣斌, 等. "生态修复、城市修补"的思辨与三亚实践 [J]. 规划师, 2017, 33 (3): 11-18.

[24] 李筱慧. 浅析以人为本视角下的城市更新——以天水市南山体育场片区改造为例 [J]. 房地产世界, 2022 (8): 23-25.

[25] 李鑫钊, 杨婧. 促进前海深港现代服务业合作区发展的税收政策研究 [J]. 税务研究, 2023 (12): 114-118.

[26] 李育浪, 谭丽. 冲突与协调: 城市更新中的核心利益相关者 [J]. 上海房地, 2024 (1): 15-19.

[27] 刘大炜, 朱亚鹏. 转型管理与城市转型——基于日本北九州市的分析 [J]. 广东社会科学, 2018 (3): 199-208.

[28] 刘荣增, 王淑华. 城市新区的产城融合 [J]. 城市问题, 2013 (6): 18-22.

[29] 龙腾飞, 施国庆, 董铭. 城市更新利益相关者交互式参与模式 [J]. 城市问题, 2008 (6): 48-53.

[30] 马宗国, 赵倩倩. 国际典型高科技园区创新生态系统发展模式及其政策启示 [J]. 经济体制改革, 2022 (1): 164-171.

[31] 潘妙洎, 杨院. 美国硅谷科技创新体系的转型发展探析 [J]. 中国高校科技, 2023 (9): 41-46.

[32] 裴汉杰. 浅议"十二五"期间"产城融合"的新理念 [J]. 中国工会财会, 2011 (7): 13.

[33] 乔国通, 朱艳娜. 基于四分图模型的高校班干部满意度评价 [J]. 安庆师范学院学报（社会科学版）, 2015, 34 (6): 162-164.

[34] 秦迪, 王悦, 何东全. 城市有机更新中以人为本的设计理念与

方法[J]. 城市发展研究, 2019 (2): 36-40.

[35] 任东峰. 区域创新生态系统演进动力的美国硅谷案例——基于自然技术与社会技术共演化的视角[J]. 技术经济与管理研究, 2021 (7): 12-15.

[36] "十四五"新词典"韧性城市"[J]. 智能建筑与智慧城市, 2021 (8): 2.

[37] 施一峰, 王兴平. 创新导向的开发区再开发模式研究——以苏州工业园为例[J]. 现代城市研究, 2019 (7): 118-125.

[38] 宋冰晶. 人居环境视野下城市更新片区开发模式探究[J]. 城市建筑, 2024, 21 (4): 82-84.

[39] 宋伟轩, 陈浩, 崔璨, 等. 建立可持续城市更新模式的理论、方法与路径思考[J]. 自然资源学报, 2025, 40 (1): 20-38.

[40] 隋洪鑫, 杨秀, 徐姗, 等. 城市功能空间更新研究进展与新时期重点方向[J]. 热带地理, 2020, 40 (6): 1150-1160. DOI: 10.13284/j.cnki.rddl.003291.

[41] 孙锐, 孙雨洁. 人才高地的演化与形成机理研究: 基于硅谷、特拉维夫、中关村、筑波的纵向案例分析[J]. 中国软科学, 2024 (5): 1-13.

[42] 唐琪. 城市更新政策演化及实施效果评价研究[D]. 哈尔滨: 哈尔滨工业大学硕士学位论文, 2020.

[43] 唐晓宏. 上海产业园区空间布局与新城融合发展研究[D]. 上海: 华东师范大学博士学位论文, 2014.

[44] 王春梅, 邹燕红. 知识产权管理保护视角下的陶瓷文创产业发展研究——以景德镇陶瓷文创产业为例[J]. 中国陶瓷, 2022, 58 (11): 97-101.

[45] 王富海, 曾祥坤, 张宸. 城市更新时代的总体规划实施[J].

城市规，2024，48（5）：15-20.

[46] 王凯，袁中金，王子强. 工业园区产城融合的空间形态演化过程研究——以苏州工业园区为例［J］. 现代城市研究，2016（12）：84-91.

[47] 王力平，王冲，韩金羽，等. 基于层次分析模型的COVID-2019的传播与评价研究［J］. 齐齐哈尔大学学报（自然科学版），2023，39（4）：89-94.

[48] 王敏. 文化产业园区产城融合测度及提升对策研究——以曲江新区为例［D］. 西安：西安建筑科技大学硕士学位论文，2020.

[49] 王倩，马倩，朱迪，等. ACSI模型视角下医院运送服务群体工作满意度的质性研究［J］. 护士进修杂志，2024，39（17）：1897-1901.

[50] 王世福，易智康，张晓阳. 中国城市更新转型的反思与展望［J］. 城市规划学刊，2023（1）：20-25. DOI：10.16361/j.upf.202301003.

[51] 王煜明. 以人为本的城市更新的策略研究［J］. 居舍，2023（11）：154-156.

[52] 王玥. 应用服务质量差距模型辅助顾客满意度研究［J］. 中国质量，2021（3）：106-110.

[53] 卫平，周凤军. 新加坡工业园裕廊模式及其对中国的启示［J］. 亚太经济，2017（1）：97-102+176.

[54] 温锋华，姜玲. 整体性治理视角下的城市更新政策框架研究［J］. 城市发展研究，2022，29（11）：42-48.

[55] 吴良镛. 关于人居环境科学［J］. 城市发展研究，1996（1）：6.

[56] 谢飞. 产城融合背景下开发区工业用地更新模式研究［D］. 苏州：苏州科技大学硕士学位论文，2016.

[57] 徐凯颖. 陕西省镇级小城市产城融合发展路径研究［D］西安：西北大学硕士学位论文，2018.

[58] 阳建强. 走向持续的城市更新——基于价值取向与复杂系统的理性思考 [J]. 城市规划, 2018, 42 (6): 68-78.

[59] 杨军. 以人为本统筹推进城市更新 [J]. 城乡建设, 2022 (13): 5.

[60] 杨露溪, 刘熙明. 数字技术赋能产业园区高质量发展: 理论机制与实践路径 [J]. 科技创业月刊, 2023, 36 (8): 123-126.

[61] 杨萍, 王新鹏. 层次分析模型在房地一体权籍调查评价中的应用 [J]. 贵州大学学报 (自然科学版), 2023, 40 (1): 38-41+47.

[62] 杨学聪. 北京亦庄城市更新带动产业升级 [N]. 经济日报, 2024-11-02 (006). DOI: 10.28425/n.cnki.njjrb.2024.008019.

[63] 一张白纸画出最美最好的图画——深圳前海深港合作区全面深化改革的实践探索 [J]. 红旗文稿, 2024 (14): 15-18.

[64] 张道刚. "产城融合"的新理念 [J]. 决策, 2011 (1): 1.

[65] 张京祥, 陈浩. 基于空间再生产视角的西方城市空间更新解析 [J]. 人文地理, 2012, 27 (2): 1-5. DOI: 10.13959/j.issn.1003-2398.2012.02.008.

[66] 张敏. 苏州工业园区的转型升级与创新发展 [J]. 区域经济评论, 2018 (1): 65-71. DOI: 10.14017/j.cnki.2095-5766.2018.0019.

[67] 张慎娟, 龙良初. 城市规划与旅游影响力——以德国"斯图加特21"为例 [J]. 社会科学家, 2020 (2): 99-104.

[68] 张淑敏. 零售商业企业员工的工作满意度与积极应激关系研究 [D]. 天津: 南开大学博士学位论文, 2010.

[69] 赵丹阳. 基于 CCSI 模型的绿色食品消费者满意度影响因素实证研究 [J]. 粮食科技与经济, 2024, 49 (3): 60-65.

[70] 赵虎, 张悦, 尚铭宇, 麻承琛. 体现产城融合导向的高新区空间规划对策体系研究——以枣庄高新区东区为例 [J]. 城市发展研究,

2022，29（6）：15-21.

[71] 赵楠楠，刘玉亭，朱远哲，等. 政策演进视角下城中村改造模式及治理联盟演化——以广州为例［J］. 城市发展研究，2024，31（5）：14-20+29.

[72] 赵雪松. "五子"联动推进北京融入新发展格局［J］. 前线，2021（7）：66-68.

[73] 赵政原. 日本地方城市振兴视角下的工业遗产转型机制：以北九州市为例［J］. 现代城市研究，2021（11）：127-132.

[74] 钟迪茜，卢颖，罗秋菊. 从陶瓷生产中心到文化创意旅游地：知识视角下的景德镇传统手工艺当代复兴与创新［J］. 旅游学刊，2025（1）：1-23.

[75] 钟勇. 推动"两区"建设打造北京样板［J］. 前线，2021（5）：82-84.

[76] 朱耘婵. 传统产业园区向创新园区升级发展路径及对策［J］. 武汉社会科学，2023（2）：11-18.